LE CHASSEUR

DE 1864

ou

LE LIVRE IMPAYABLE POUR LES CHASSEURS

Par DELDAS

MÉTHODE INFAILLIBLE

POUR BIEN TIRER DANS HUIT JOURS ET POUR ÊTRE UN CHASSEUR
DE PREMIÈRE FORCE EN TRÈS PEU DE TEMPS

MÉTHODE ÉCONOMIQUE

Fructueuse et rassurante pour les Pères de Famille

Plus de dangers, plus d'accidents !

Pas un chasseur qui ne tue tous les jours
du gibier après avoir lu ce livre.

Pas un débutant qui ne tue quelques
lièvres la première année.

Dans huit jours on connaît la chasse à
fond.

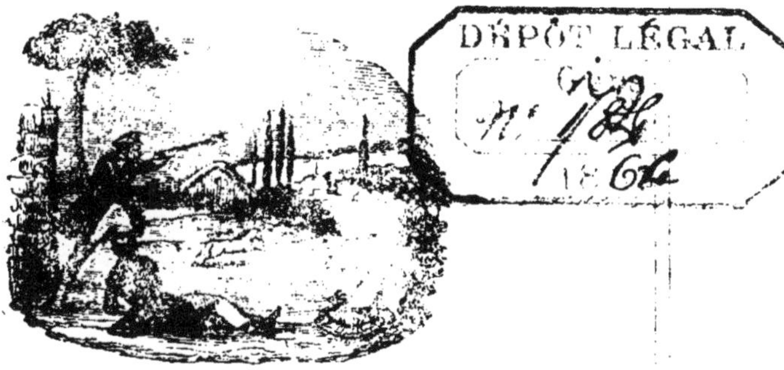

AUCH

IMPRIMERIE ET LITHOGRAPHIE FÉLIX FOIX, RUE BALGUÈRE

1864

TRAITÉ DE CHASSE

ÉCOLE DE TIR AU FUSIL.

Vieux chasseur émerite, ayant tué énormément de gibier, et voulant aujourd'hui prendre ma retraite, je veux léguer à la jeunesse ma méthode et le fruit de mon expérience pour que la chasse ne soit plus une accablante fatigue, mais un véritable plaisir.

Méthode économique, fructueuse et rassurante pour les pères de famille.

Economique et *fructueuse*, car dans huit jours, avec une dépense minime, l'on tirera aussi bien que ceux qui ont deux années de chasse, et l'on connaîtra la chasse à fond par les principes et les explications que renferme ce livre.

Conséquemment, dès les premiers jours de l'ouverture de la chasse, tout débutant, après huit jours d'étude et d'application de mon système, aura l'agrément de tuer autant de gibier que les vieux chasseurs, et s'épargnera, Dieu sait, *combien de dégoût, de fatigues et de sueurs!*

Rassurante pour les pères de famille, car les observations que j'ai faites et les conseils de prudence que je donne aux jeunes chasseurs ne peuvent que les mettre à l'abri de tout danger, de tout accident.

J'entre en matière sans autre préambule, laissant
à d'autres le soin de parler d'Antiochus et de
Nemrod, de tous les grands hommes qui ont aimé
la chasse, des hauts dignitaires de l'Eglise, des
gentilshommes, des princes et des rois qui ont été
chasseurs, de faire la description des belles chasses
de Charles X dans les forêts de Rambouillet, et
un traité complet sur la grande vénerie.

Moins heureux que tous ces favoris de la for-
tune, né dans un pays où l'on ne voit ni daim, ni
cerf, ni chevreuil, j'écris très humblement pour
les petits chasseurs mes semblables, qui n'ont pas
de grande meute pour ne chasser que brillamment
à courre, et qui se bornent à quelques chiens
courants, soit pour forcer un lièvre, soit pour
avoir le plaisir de le tuer.

J'écris surtout pour les chasseurs au chien d'arrêt, dont le mérite et l'agrément consistent à bien
tirer et à bien remplir leur carnier;

Pour la jeunesse des écoles, qui, pendant les
vacances, trouve dans la chasse un agréable délassement;

Pour les officiers qui s'ennuient dans les gar-
nisons et qui vont demander à la chasse une

salutaire diversion à la monotonie de leur vie sédentaire;

Enfin, pour tous ceux qui aiment la chasse et qui veulent y faire des progrès rapides.

Je ne connais le mérite d'aucun livre de chasse, n'en ayant lu aucun, mais je doute fort qu'il y en ait un autre qui puisse former un chasseur en aussi peu de temps.

CHASSE.

Principes.

La première qualité du chasseur, c'est le sang-froid. Il faut mépriser le gibier et n'éprouver aucune émotion quand il part.

Celui qui tremble à l'arrêt du chien, et dont le cœur bat par la crainte de manquer, ne tirera jamais bien que lorsqu'il saura se maîtriser.

Le moyen de se maîtriser, c'est d'avoir confiance en soi et de la pousser même jusqu'à la présomption; c'est en cela seul que je la crois permise.

Cette confiance ne vient que par l'expérience, et comme on ne chasse qu'une partie de l'année, elle est très lente à venir, parce qu'on ne s'exerce pas assez et que l'on perd durant le reste de l'année le peu de progrès que l'on avait pu faire.

C'est pour cela que j'adoptai une excellente méthode qui me rendit un chasseur de première force en très peu de temps, et qui assure des progrès rapides aux plus maladroits.

Cette méthode, la voici; elle est on ne peut plus simple :

La caille est le premier gibier que l'on trouve à l'ouverture de la chasse, et c'est à la caille que tout débutant doit commencer de s'exercer, et cela pour trois motifs : le premier, parce qu'on a l'occasion de tirer plus souvent; le second, parce que c'est le gibier le plus facile à tuer; le troisième, parce que c'est la chasse la moins pénible.

Exercez-vous donc, la première année surtout, à chasser la caille tant que durera cette chasse, et n'affrontez pas les perdreaux, qui ne sont pas encore de la viande de votre estomac, pour ne les chasser que vers le mois d'octobre, et vous aurez alors un double avantage, celui de ne pas les manquer ou du moins de les tirer passablement, et celui de les avoir meilleurs et plus gros.

On ne peut devenir fort tireur *qu'en brûlant de la poudre,* mais ne la brûlez pas comme ces étudiants qui, arrivés aux vacances, vont mitrailler les perdreaux toute la journée sans en tuer un, et qui, les vacances finies, ne sont pas plus avancés que le premier jour. Ils se sont éreintés pour ne rien faire, et les fatigues qu'ils ont prises leur amènent quelquefois le dégoût.

Soyez donc plus modestes, et respectez ces pattes rouges pour vous en tenir aux cailles dès le début. Vous ferez des progrès rapides, et lièvres et perdreaux ne tarderont pas à tomber sous les coups de votre œil exercé.

Pour cela que faut-il faire ?

Quand votre chien arrête, n'allez pas indistinctement vous placer à droite ou à gauche.

Il faut se placer derrière le chien.

C'est le moyen de bien faire partir le gibier.

Il file droit, et on le tire en queue.

Le gibier qui file en queue est immanquable.

Le gibier que l'on tire en travers est plus difficile.

Le plus grand défaut du chasseur, c'est de trop se presser et de croire le gibier trop loin.

Il faut donc avoir du flegme et ne pas se presser.

Quand une caille part, gardez-vous bien de lever aussitôt le fusil et de chercher à l'ajuster ; vous l'ajusteriez mal.

Regardez la caille, fixez-la bien avec sang-froid, et quand elle est à 15 ou 20 pas, en levant le fusil, vous lui portez naturellement le bout du canon dessus, et vous lâchez la détente.

Vous serez étonné de la facilité avec laquelle

vous les ferez tomber. Je ne veux pas dire qu'il ne faille que lever le fusil et tirer; au contraire, on *ne doit jamais tirer sans viser la pièce*, mais on porte le bout du canon si près du gibier qu'on l'a de suite au bout du fusil.

Les chasseurs qui tirent ainsi, *à la première pointe*, sont les plus brillants tireurs et ceux qui tuent le plus de gibier.

Vous ferez dix coups doubles quand les chasseurs qui ont l'habitude de suivre le gibier n'en feront pas deux.

Il leur faut un espace libre; un rien les dérange et les gêne, tandis que vous ferez partout et dans toutes les positions des coups extraordinaires.

Cette manière de tirer m'est tout à fait personnelle, et j'avoue, modestie à part, que partout j'ai étonné les plus habiles chasseurs.

J'en ai trouvé d'aussi solides que moi, d'aussi sûrs de tuer une pièce de gibier *en rase campagne*, mais pour *les coups subtils* dans les ravins, dans les bois, dans les fourrés, je ne crois pas avoir encore trouvé mon égal.

Et cela tient à ma manière de tirer : *Je fixe le gibier* et je lui porte le bout du canon dessus.

Je n'ai pas plus tôt levé le fusil que la pièce tombe.

Essayez et vous verrez... vous serez étonné!

Mais pour faire des progrès rapides, il faut tirer souvent, et comme le gibier manque, il faut savoir y suppléer et jeter, comme l'on dit, la poudre aux moineaux.

C'est-à-dire qu'il faut tirer *au but en blanc*, mais on tire à ce blanc *comme s'il fuyait, comme s'il volait*.

Pour cela, vous n'avez qu'à placer un petit jalon au milieu d'un champ, comme un point qui se perd dans l'espace.

Exercez-vous *à le fixer* et à lui porter tout d'un coup le bout du canon dessus. — Exercez-vous d'abord en levant le fusil, puis en venant horizontalement de droite à gauche et de gauche à droite.

Quand vous aurez fait quelque temps cet exercice, et que vous saurez promptement viser le but, exercez-vous *à faire aussitôt partir la détente*.

Ne mettez d'abord que des capsules, et quand vous serez sûrs d'atteindre subtilement le but, vous pourrez mettre de petites charges, de manière à vérifier les coups.

Mais n'épaulez jamais votre fusil avec précipitation, vous donneriez malgré vous une saccade qui vous ferait manquer le coup.

Exercez-vous à épauler sans secousse, c'est-à-dire, à porter graduellement votre fusil à l'épaule, tout en fixant le gibier.

Quand vous toucherez bien le blanc, vous tirerez sur des oiseaux reposés à terre ou sur des branches; c'est-à-dire, qu'au lieu de les viser un moment, comme l'on fait quand on tire *au reposé*, vous ne faites que *les fixer* et les tirer subtilement *comme au vol*.

Cela sert beaucoup à l'époque des grives, des bécasses, et surtout pour la chasse du lapin qu'il faut presque toujours tirer à la 1re pointe, *à coups perdus.*

Exercez-vous ensuite à tuer des hirondelles quand elles rasent la terre, quand elles longent les fossés des grandes routes, ce qu'elles font toujours à la campagne contre les grandes haies, près des maisons, lorsque le temps est couvert et qu'il veut charger, surtout si le vent souffle.

Ne vous semble-t-il pas déjà que vous êtes un fort tireur ?

Mais je ne vous quitte pas sitôt, vous avez encore besoin de mes conseils.

Où l'on trouve le gibier ?

CAILLES.

Chassez les cailles le matin et le soir dans les chaumes, pendant les mois d'août et septembre.

Vous les trouverez préférablement dans les chaumes les plus fourrés, surtout dans ceux où il y a de l'herbe, des graines, du jeune trèfle.

Si le temps est frais vous les y trouverez toute la journée, mais s'il fait bien chaud, de 10 à 11 heures du matin jusqu'à 4 à 5 heures du soir, vous les trouverez dans les bas-fonds, dans les petits fossés qui se trouvent au milieu des pièces, dans les haies, le long des chemins de servitude, dans les vieux trèfles, dans les regains, dans les maïs, dans la brande, près des ruisseaux, en un mot dans les lieux les plus frais et où elles peuvent trouver de l'eau.

Le soir elles reviennent dans les chaumes et vous pourrez en tuer plusieurs là où vous n'en avez pas trouvé en y passant en plein jour.

Passages.

Les passages, qui commencent au mois d'août, ont lieu surtout dans le mois de septembre, quelquefois dans les premiers jours d'octobre, principalement au renouvellement de la lune et à son plein, — quand le temps veut changer, — quand il pleut pendant la nuit,—quand la nuit est sombre et orageuse, — lorsque surtout un orage éclate au midi, à quelque distance du lieu où l'on est.

Les cailles viennent du nord au midi et franchissent les Pyrénées.

Si donc il fait mauvais temps sur la montagne, les cailles ainsi que les râles s'arrêtent dans la plaine.

C'est une erreur de croire que le mauvais temps les chasse de la montagne et les refoule dans la plaine.

Elles ne reviennent pas plus vers le nord que l'eau ne remonte vers sa source.

Si la nuit est belle, si le temps est calme et la montagne claire, les cailles filent et passent les Pyrénées par les gorges qu'elles rencontrent et qu'elles recherchent.

S'il fait mauvais temps sur la montagne, l'instinct les porte à s'arrêter.

C'est ainsi que l'on rencontre de si grands passages de cailles et de rales à une certaine distance des Pyrénées.

Mais revenons à nos plaines, et sachez que rarement il y a passage deux jours de suite.

Cependant il arrive souvent que l'on trouve des cailles de passage plusieurs jours de suite, on le doit au mauvais temps qui les retient.

Partez avec confiance toutes les fois que le temps est à la pluie, quand il est resté couvert, nébuleux, surtout pendant la nuit.

Mais si, après un jour de fort passage, la nuit est belle et claire, vous n'en trouverez pas le lendemain.

Vous devez donc consulter les nuits pour savoir si vous devez ou non partir pour la chasse à l'époque des passages.

Chasser méthodiquement.

Ce ne sont pas les chasseurs qui courent le plus et qui vont le plus loin qui tuent le plus de gibier, *ce sont ceux qui chassent méthodiquement.*

Ainsi, ne traversez pas une plaine presque en ligne droite, comme font bien des chasseurs, — vous devez, au contraire, aller et venir, rôder dans tous les sens, suivre tous les chaumes qui vous paraissent bons, car les cailles de passage vont ensemble, et vous pouvez les laisser toutes dans une seule pièce.

Il m'est arrivé plusieurs fois de n'en pas trouver une seule dans tout une plaine, et d'en tuer 10 à 12 dans un petit recoin.

Un autre grand avantage que vous avez à chasser ainsi méthodiquement, c'est que s'il y a des lièvres dans le quartier, vous avez plus de chances de leur tomber dessus.

Vous devez dresser votre chien à ne pas chasser loin de vous, à obéir à vos signes, et à bien chasser tout une pièce, à la suivre dans tous les sens.

Dressez-le d'abord, quand il entre dans un chaume, à *suivre les sillons d'écoulement qui traversent la pièce*, car s'il y a des cailles qui courent (par exemple le matin et le soir), elles arrivent toutes à ces sillons. C'est le moyen d'aller vite en besogne.

Faites-lui suivre aussi particulièrement la jonction de deux ou plusieurs pièces, l'endroit où se croisent les petits fossés qui les divisent.

A l'époque où elles se jettent dans les vignes, vous les trouverez dans les parties les plus fourrées, dans celles où il y a de l'herbe, des graines, une espèce de petit millet ou moha sauvage.

On les trouve surtout en grande quantité, ainsi que les rales, dans les sarrasins, dans les petits millets qu'elles aiment beaucoup et qui les engraissent vite. C'est alors qu'elles sont belles, grasses et qu'il est facile de les tuer. — Elles peuvent à peine voler.

Rien de bon comme une soupe aux cailles grasses, farcies.

Coup double.

S'il faut du sang-froid pour tirer sur une pièce de gibier, il est évident qu'il en faut davantage pour tirer sur deux.

Ne vous laissez donc pas emporter.... *Ne vous pressez pas....* Et tirez sur les deux, comme s'il n'y en avait qu'une que vous eussiez manquée du premier coup.

Si vous tuez la première à 15 ou 20 pas, vous tuerez tout aussi bien la deuxième à 25 ou 30 pas.

Vous devrez tirer plus loin que cela aux perdreaux.

Il faut qu'entre vos deux coups de fusil il y ait un intervalle bien marqué... Pan........ Pan.

Toutes les fois que l'on entend deux coups précipités *pan-pan*, on peut dire, à coup sûr, que c'est une mazette, un homme sans méthode qui a tiré et que le gibier s'est enfui.

PERDRIX ROUGE.

La perdrix rouge se tient principalement sur les coteaux boisés ou couverts de brande, de bruyères ou de vignes.

On en trouve aussi beaucoup dans les plaines, notamment dans les vignes. Mais en général elle préfère les quartiers accidentés.

Chasse aux Perdreaux.

La chasse aux perdreaux est très pénible.

Celui qui veut se donner le plaisir d'en trouver beaucoup et de les mitrailler sans beaucoup de succès doit les chasser le matin de très bonne heure.

Celui, au contraire, qui a l'ambition de les tuer, ne doit craindre ni le soleil ni la fatigue, et c'est à midi qu'il doit les chasser, c'est-à-dire, au plus fort de la chaleur, de onze heures du matin à trois heures du soir.

Le premier les trouve dans les chaumes, dans les guérets, près des vignes, près des landes, aux lisières des bois.

Le deuxième les trouve dans les vignes aux quartiers les plus fourrés, dans les fougères, dans la brande, dans les taillis, aux clairières des bois.

Ils sont à l'ombre et ne bougent pas.

Il est donc plus difficile de les trouver, mais il est plus facile de les tuer parce qu'ils font ferme et qu'ils partent plus près.

Du moment qu'il est plus difficile de les trouver, attachez-vous à la première compagnie et suivez-là sans ménagement ni pour vous ni pour eux. Si vous les poursuivez avec ardeur, vous les diviserez, et à la troisième remise vous les tirerez comme des cailles, même dans les guérets.

C'est la chasse du braconnier.

Il est bon, toutefois, de ne pas courir de suite à la remise des perdreaux, parce qu'étant épouvantés ils partent au moindre bruit et hors de portée; il vaut mieux attendre un peu, les laisser se remettre de la frayeur qu'ils ont eue. Ne se voyant plus poursuivis, ils se tranquillisent et se reposent. Ils se cachent dans l'herbe ou contre une motte de terre dans les guérets, et quand le chasseur arrive, ils lui partent sous les pieds.

Le braconnier les chasse encore avec la pluie ou la bruine, ou plutôt malgré la bruine et la pluie, c'est-à-dire qu'il ne part pas avec le mauvais temps, mais si la pluie survient pendant qu'il est en chasse, il ne se retire pas pour si peu, il jette les perdreaux dans les landes, dans les fougères, dans la brande, parce qu'il sait qu'ils volent difficilement quand ils ont les ailes mouillées et il ne craint pas de se mouiller lui-même comme un canard, parce qu'il est sûr de remplir son carnier.

Je l'ai fait et malheureusement trop fait, c'est pour cela que je vous engage à ne pas le faire.

Vous avez à craindre les rhumatismes.

Ne soyez donc pas si ambitieux, tuez moins de perdreaux et ménagez votre santé.

Quand vous levez une compagnie de perdreaux, tâchez de tuer le père et la mère, parce que les jeunes sauront moins se défendre.

Vous voyez qu'il est bon *de ne pas se presser,* puisqu'il vous faut distinguer et tirer les vieilles perdrix.

Tirez aussi préférablement aux perdreaux qui vous partent en queue, parce que plusieurs se suivent ordinairement et qu'il vous est plus facile de faire le coup double.

Ne visez pas droit une perdrix qui vole en travers, vous la manqueriez. Tirez-lui sur la tête ou un peu plus en avant.

Une chasse agréable et que je conseillerais aux chasseurs à l'eau de rose, c'est d'avoir un perdreau en cage; on l'emporte le matin de très bonne heure dans sa cage couverte d'un drap quelconque, afin qu'il ne voie pas le jour, à un endroit où l'on sait des perdreaux. On place la cage près d'un sentier où l'on puisse se bien cacher à 18 ou 20 pas de distance. Sur ce sentier, près de la cage cachée, on met un appât quelconque, du blé, du maïs, de l'avoine, du petit millet, quelque chose enfin qui engage les perdreaux à s'arrêter.

On découvre la cage que l'on recouvre ensuite d'un peu d'herbe, et aussitôt que le perdreau voit le jour il se met à chanter.

La compagnie arrive, elle s'approche de la cage, elle s'arrête à l'endroit où vous avez mis l'appât, et d'un seul coup vous en faites rester 4 ou 5, si vous avez su vous placer. C'est principalement à partir de la fin de septembre que l'on fait cette chasse.

Je ferai seulement observer qu'elle est défendue, la chanterelle est prohibée.

Les perdreaux ont *un champ privilégié* où ils passent toutes les nuits et où l'on est sûr de les trouver tous les matins au point du jour. S'ils ont été dérangés le soir et qu'ils n'y passent pas la nuit, ils ne manquent pas de s'y rendre le matin de très bonne heure, et c'est toujours là qu'on est sûr de les trouver d'abord.

Pour connaître l'endroit, il n'y a qu'à se rendre sur les lieux le matin avant le lever du soleil. On est sûr de les entendre chanter; tous les matins ils se rappellent.

A la montagne, ils se rendent tous les matins, à la même heure, dans le même champ de millet ou de sarrasin. On les entend se rappeler, et bientôt après on voit toute la compagnie fondre sur ce champ.

Quand le sarrasin est coupé, les chasseurs vont les y attendre et se cachent de manière à les tirer à terre pour en tuer plusieurs à la fois.

A la plaine on pourrait en faire de même dans les *champs privilégiés*. L'essentiel est de ne pas bouger, de *rester comme une statue*.

Il faut donc se bien placer.

Ruse.

Quand les perdreaux courent devant le chien dans une vigne, surtout si elle n'est pas fourrée, attendez-vous à les voir partir au bout de la vigne et presque toujours hors de portée.

Il faut alors retenir le chien, le mettre à vos talons, et aller faire un détour pour les surprendre au bout de la vigne en venant en travers des sillons, et le plus doucement possible, car ils partent alors au moindre bruit.

C'est presque toujours à un coin, à l'un des angles de la vigne qu'ils partent.

Si donc vous voyez que les perdreaux courent, retenez votre chien, *arrêtez-vous un moment pour donner aux perdreaux le temps de se tranquilliser*, et allez ensuite le plus doucement possible à l'angle vers lequel ils paraissaient se diriger.

S'il y avait une haie vous pourriez vous y cacher et les tirer à terre avec l'espoir d'en tuer plus d'un.

C'est une patience que j'ai toujours comprise mais que je n'ai jamais eue.

S'il y a une grande étendue de vignes et que les perdreaux courent, il faut retenir le chien et aller faire un détour pour les attaquer de front et leur barrer le passage.

Toutes les fois que les perdreaux vous auront vu ou qu'ils auront vu le chien et que vous les verrez courir épouvantés devant vous, soyez sans espoir de les tirer en quelqu'endroit qu'ils se trouvent. Faites alors ce que je viens de dire : ayez l'air de les abandonner, laissez-les se tranquilliser et tâchez de les aller surprendre.

Il y a des chasseurs qui, lorsqu'ils ont dispersé une compagnie de perdreaux, viennent les appeler environ une heure après en contrefaisant la mère :

Cata-cata-catacata-catacata-catataccata-cac.

Il n'est pas nécessaire d'attendre une heure, un

quart d'heure suffit; et si l'on vient de tuer la mère, on peut les appeler de suite : ils arrivent à l'instant.

Il serait bon de savoir les appeler. Ce serait le moyen d'en tuer beaucoup sans se fatiguer; mais cette manière de chasser n'est pas permise. Les appeaux, appelants ou chanterelles, sont prohibés.

Une compagnie de perdreaux revient presque toujours à l'endroit où on l'a levée environ deux heures après.

Remise des Perdreaux.

Rien de plus essentiel pour un chasseur que de bien remarquer les remises des perdreaux, parce qu'ils les font toujours aux mêmes endroits, notamment la première. Cela vous servira pour les chasses futures; vous irez droit aux remises et ne vous fatiguerez pas autant.

Je ne peux que répéter ici ce que j'ai déjà dit : n'allez pas trop vite à la remise des perdreaux, ne les poursuivez pas, à moins que vous ne vouliez les fatiguer et les avoir par lassitude. C'est très bien si vous êtes un féroce, un chasseur intrépide, au tempérament de fer et au jarret d'acier.

Mais si vous ne voulez que tirer modestement à cette remise, ne mettez pas le chien à l'endroit où vous avez vu les perdreaux se reposer, à moins qu'ils ne soient dans un fourré ou tout autre endroit où il est à présumer qu'ils feront ferme.

Dans tous les autres cas, il vaut mieux les surprendre en leur barrant le passage, c'est-à-dire qu'au lieu d'aller droit à eux on fait un détour pour ne les prendre qu'en revenant.

Alors, se trouvant arrêtés, la crainte les saisit, ils se blottissent ou se cachent, ils font ferme et ne partent guère qu'à portée.

C'est la meilleure méthode pour tuer les perdrix dans toutes les saisons, mais principalement à partir du mois d'octobre et pendant tout l'hiver.

PERDRIX GRISE.

La perdrix grise habite les plaines cultivées.

Elle est assez rare dans le Midi, mais en revanche on a la Bartavelle ou grosse perdrix rouge qui est bien préférable.

Les perdreaux gris sont un peu plus petits que les rouges et sont plus faciles à tuer quand on les a jetés ou qu'on les trouve dans les fourrés, dans la brande ou dans les bruyères; ils tiennent bien l'arrêt et partent quelquefois sous les pieds.

Mais il ne faut pas les chasser de trop bonne heure le matin, car ils craignent la rosée; ils sont inquiets en pâturant dans les chaumes et les endroits découverts; ils partent au moindre bruit et font les remises dans les taillis, dans les endroits les plus fourrés s'il s'en trouve dans le voisinage.

C'est vers dix heures du matin qu'ils quittent la pâture et qu'ils se remisent dans des endroits abrités où ils se blottissent et s'endorment sur les revers des fossés, sous des buissons ou au milieu de touffes d'herbe.

La chasse en est assez facile pendant le milieu de la journée, à part le désagrément de les chercher dans les fourrés; mais le soir ils reviennent aux quartiers découverts et ne tiennent plus l'arrêt; ils partent de si loin qu'il n'y a plus moyen de les tirer.

Les compagnies de perdreaux gris sont ordinairement plus nombreuses que celles des perdreaux rouges, et quand ils partent tous à la fois, ils étonnent et déconcertent les jeunes chasseurs qui, dans leur émotion, jettent le coup de fusil au milieu de la compagnie.

C'est le moyen de n'en tuer aucun.

Il faut avoir du sang-froid, et toujours en viser un. Quelquefois on en tue plusieurs si le hasard fait qu'ils se croisent au moment où l'on tire.

Quand les perdreaux sont surpris par le chasseur et qu'ils l'aperçoivent en partant, ils pointent en l'air et se jettent aussitôt de côté par un coup d'aile si prompt qu'un novice en est déconcerté.

Il faut les regarder avec calme et ne les tirer que lorsqu'ils ont repris le vol horizontal.

Pendant l'hiver, lorsque la plaine est dénudée, on n'approche guère les perdrix que dans les taillis ou les endroits fourrés où elles se croient en sûreté.

Le soir, les perdrix grises comme les rouges se réunissent pour passer la nuit, et on les entend chanter pour se rassembler. Le lendemain matin, on est sûr de les trouver à la même place où elles ont chanté la veille.

Il y a des perdrix grises qui émigrent pendant l'automne, et l'on en trouve quelquefois de passage dans certaines plaines du Midi; mais il faut bien vite profiter de leur apparition, car leur séjour est de courte durée si elles ne repartent pas le lendemain.

Chasse à l'Appeau ou à la Chanterelle.

Au printemps, les perdrix s'apparient, et ne vivent plus que par couples.

Les mâles sont presque toujours surabondants, et ceux qui n'ont pas pu s'apparier dérangent quelquefois les couvées.

Aussi bien des chasseurs font-ils la guerre aux mâles, et vont-ils les prendre aux filets en les appelant et les faisant venir en imitant le chant de la femelle.

Tout irait bien s'ils ne prenaient que les mâles surabondants, mais ils n'en laissent pas. Ils les prennent tous indistinctement, et si les couvées sont détruites en fauchant les prairies artificielles ou par une autre cause quelconque, tous ces quartiers se trouvent dépeuplés de perdreaux. Si les mâles vivaient, il y aurait de nouvelles pontes, plus tardives et moins nombreuses; mais enfin il y aurait des perdreaux, et, de plus, on aurait tous ces vieux mâles.

Pour les perdrix grises, c'est pis encore.

Les braconniers portent dans une cage qu'ils vont cacher sous un buisson une femelle apprivoisée dont le chant attire tous les mâles des environs, et comme c'est l'époque des amours, les femelles jalouses suivent les mâles, et tous, aveuglés par la passion, tombent dans le piége, se prennent aux filets, ou tombent sous le plomb meurtrier du chasseur.

Ce sont des chasses destructives, déplorables, et l'on ne saurait trop sévir contre ces braconniers.

OBSERVATIONS.

Quand les perdreaux font une remise, ils ne se sont pas plutôt posés qu'ils courent en avant.

N'espérez donc pas de les trouver à l'endroit où vous les avez vus se jeter, à moins que ce ne soit dans un endroit fourré et pendant le milieu du jour. Alors, quand il pleut, quand les vignes ou la brande sont mouillées, quand il fait bien chaud, quand ils sont fatigués, ils s'arrêtent, font ferme et se laissent tirer; mais à part ces conditions, ils vont toujours en avant et partent à une certaine distance du point où vous les avez vus se jeter.

Tous les jeunes chasseurs courent après les perdreaux qu'ils ont vus se reposer, sans discernement et sans réflexion, et ce n'est pourtant pas ainsi que l'on doit faire.

Avant d'attaquer une compagnie de perdreaux, il faut réfléchir et consulter la position topographique des lieux pour décider de quel côté il faut les prendre, afin de les pousser vers les endroits les plus favorables aux remises, c'est-à-dire vers les endroits où vous pouvez les suivre du regard, ou bien où vous êtes sûr de les retrouver et de pouvoir les tirer.

Autant que possible, faites en sorte de les jeter dans la brande, dans des vignes fourrées ou dans des taillis commodes, favorables au tir.

Si les perdreaux se trouvent dans des endroits voisins de quelque bois ou taillis où il soit impossible de les suivre, au lieu de les pousser vers ces bois, on va les prendre de manière à les jeter du côté opposé.

C'est ainsi que doivent agir tous ceux qui veulent tuer des perdreaux.

Il m'est arrivé de détruire des compagnies entières en les rejetant d'un endroit à l'autre, les
poussant toujours vers les mêmes remises et leur
faisant ainsi faire la navette.

. Quand vous êtes en chasse, que vous commencez
à être fatigué et que vous voulez vous en retourner, si vous avez quelques perdreaux devant
vous, n'allez pas, comme font presque tous les
chasseurs, leur jeter votre dernier coup de fusil et
vous retirer.

Allez, au contraire, faire quelques cents pas de
plus pour les prendre et les rejeter du côté que
vous devez parcourir en vous retirant.

Par ce moyen, vous les poussez devant vous,
vous les fatiguez et vous les mitraillez.

Votre carnier se rebondit et vous délasse de
toute la fatigue que vous aviez prise. — Et vous
rentrez alerte et content.

Si vous voulez aller chasser dans un quartier
giboyeux, un peu éloigné de votre habitation, au
lieu de vous y rendre en chassant, il vaut infiniment mieux y aller tout droit, sans chasser, et
vous retirer en chassant.

Car, dans le premier cas, si vous n'avez rien
fait, le dégoût vous prend, la fatigue vous gagne,
le trajet à parcourir pour rentrer vous paraît long,
ennuyeux; vous vous traînez..... vous ne pouvez

plus mettre un pied devant l'autre..... Et vous arrivez tout harassé..... rompu !

Tandis que dans le deuxième cas, vous arrivez sans vous en apercevoir, parce que l'espoir vous soutient.

Vous n'avez rien fait, mais il ne faut qu'un moment pour être heureux.

Vous pouvez réussir et faire un beau coup à cent pas de la maison.

Vous cherchez le gibier, — cela vous distrait — vous le poussez devant vous, et il vous mène à votre porte, sans fatigue et sans ennui, frais et dispos, tout prêt à faire honneur au dîner qui vous attend.

LIÈVRES.

Où on les trouve et comment on doit les tirer.

Si les perdrix font tressaillir la plupart des chasseurs, un lièvre qui part les surprend d'une manière étrange.

Les uns le tirent trop vite, à bout portant: les autres le regardent d'un air hébété, ne tirent pas, le regardent filer... et se frappent ensuite la tête de n'avoir pas tiré.

C'est sur le lièvre surtout qu'il faut avoir du

sang-froid. J'ai vu trois bons chasseurs manquer un lièvre qui leur partit sous les pieds. Ils lui tirèrent six coups sans le faire rester. Ils furent tous trois honteux et capots! Chacun d'eux l'aurait tué d'emblée s'il eût été seul, et tous les trois le manquèrent.

C'est qu'ils se pressèrent les uns les autres.

Quand un lièvre part, ou il bondit de frayeur, ou il se dérobe en faisant trois crochets ou zigzags avant de filer droit.

Si vous le tirez sur ses crochets, vous êtes sûr de le manquer; sur cent, vous n'en tuerez pas un.

Ne vous pressez donc pas. — Laissez-le faire, et ne le tirez que lorsqu'il file droit.

S'il part en queue, tirez-lui sur le dos, derrière la tête, vous êtes sûr de le peloter.

Si vous lui tirez sur le derrière, sur le gras des cuisses, il pourra supporter toute la charge et vous échapper. Il ira mourir loin de vous.

Si vous l'avez en travers et qu'il soit arrêté ou qu'il aille doucement, tirez-lui au défaut de l'épaule.

S'il va vite, en travers, tirez-lui sur la tête.

S'il va très vite, tirez-lui un peu en avant.

S'il vous vient en face, comme il arrive presque toujours aux postes, quand on est à la chasse des chiens courants, tirez-lui sur les pattes; s'il monte et si c'est en plaine, tirez-lui encore sur les pattes, mais en vous baissant un peu. Si vous lui tirez sur la tête ou sur le dos, la charge glisse et ne le tue pas.

Vous voyez qu'il ne faut pas trop se presser, puisqu'avant de tirer vous devez décider où il faut l'ajuster.

Il est bien entendu qu'il n'est ici question que des lièvres à découvert.

Dans les fourrés et dans bien des cas, on ne les tire pas comme on veut, mais comme on peut.

Où on les trouve.

Maintenant que vous connaissez la manière de les tirer, il me reste à vous dire où vous avez la chance de les trouver.

A l'ouverture de la chasse on les trouve un peu partout. Bientôt après, étant dérangés par les troupeaux qui parcourent la plaine, ils quittent les chaumes pour se mettre dans les vignes, dans les maïs, dans les pommes de terre, dans les trè-fles, dans les millets, partout où ils ne sont pas tracassés.

On les trouve dans les taillis, dans la brande, dans les bruyères, dans des pièces d'ajonc, dans toute espèce de landes.

On les trouve dans les fossés mal tenus qui sé-parent les pièces, et notamment dans les doubles fossés, choisissant ordinairement le côté le plus sec pendant le temps pluvieux, et le côté le plus frais pendant les fortes chaleurs.

Ils se plaisent aussi dans les champs incultes, abandonnés depuis quelque temps et où sont excrus des ronces, des genêts, de la tuie.

Ils aiment assez les petits bosquets et petites châtaigneraies où se trouve quelque peu de brande ou de fougère.

Ils se tiennent encore, les vieux lièvres principalement, dans ces fossés profonds et fourrés qui traversent la plaine, qui avaient nom de ruisseaux pendant l'hiver, qui se trouvent secs en ce moment et qui conservent toujours une grande fraîcheur. C'est là que sous quelques osiers, quelques ronces rampantes, ou sous quelques touffes d'aulnes, les vieux bouguins et les vieilles hases espèrent échapper au chasseur inexpérimenté.

On a remarqué aussi qu'à moins d'obstacle bien vu, ils ont un point favori vers lequel toujours ils débuchent, c'est l'occident; placez-vous donc avec soin sur ce point et obligez votre chien à traquer lentement, trois ou quatre pas devant vous, sur le bord opposé.

On les trouve surtout en tout temps dans les vieilles marnières ou vieilles carrières abandonnées où sont excrus des buissons ou de grandes ronces qui paraissent leur offrir des gîtes tranquilles.

C'est là que les meilleurs chiens font quelquefois défaut, parce que le lièvre, pour se remettre, fait un bond et saute de fort loin dans son gîte. Il m'est arrivé souvent de voir mon chien passer tout près du gîte sans rien annoncer, quand, par une expérience bien acquise, j'allais poliment du bout de mon canon soulever des ronces qui servaient d'abri à un pauvre malheureux qui s'éveillait pour la dernière fois.

Pendant les fortes chaleurs de l'été, vous les trouverez aux marnières fraîches situées à l'aspect du nord; et pendant les froids rigoureux de l'hiver, vous les trouverez au contraire dans les marnières situées à l'aspect du midi ou du levant.

Dans les pays vignobles, immédiatement après les vendanges, les vieux lièvres quittent les vignes, mais ils ne s'en écartent guère; vous les trouverez aux alentours, dans les guérets, dans les petits fossés, partout.

Cherchez-les donc aux environs des vignes que l'on vient de vendanger, vous les trouverez dans les endroits même où vous les cherchiez inutilement la veille.

Ils y reviennent quelque temps après, à l'époque des semences, vers la St-Martin, et à cette époque aussi on les trouve dans les vieux chemins, dans ces grandes haies qui les bordent, dans ces broussailles qu'on y laisse par négligence.

Mais tout cela ne vous suffit pas.

Voulez-vous tuer des Lièvres?

A l'ouverture de la chasse, *afin d'être les premiers*, allez chasser dans les quartiers où il y a quelque peu de lande, de la brande, et au lieu de courir comme des fous au milieu de ces landes, ne suivez que les côtés des sentiers.

S'il y a des lièvres vous les trouverez à droite ou à gauche, *à deux ou trois pas des sentiers*.

Suivez donc les côtés des sentiers en buissonnant ou traquant avec le canon de votre fusil, et quand le lièvre partira il fera deux ou trois bonds sur la lande, c'est-à-dire ses ruses ou ses crochets, et il sautera sur le sentier. C'est alors que vous devrez le tirer, *quand il filera sur le sentier*.

Vous les trouverez aussi sur les côtés, sur les bords de cette lande ou de cette brande; après avoir parcouru les champs voisins, ils longent la brande et ils font un bond sur le côté, — c'est là qu'ils se gitent.

Je parle ici de la brande un peu élevée; si, au contraire, la brande est basse, très courte, et qu'il y ait des bouquets de buissons ou de brande plus élevée, soit sur les bords, soit vers le milieu, c'est là qu'il faut les chercher.

C'est surtout *immédiatement après la moisson* qu'on les y trouve, *avant qu'on n'y a mené paître les bestiaux*.

Si l'on attend quelques jours on n'y trouve que des gîtes vides, abandonnés, parce que le bétail les en a chassés en les y faisant lever trop souvent.

Cherchez les gîtes. Quand· vous en aurez vu quelques-uns, vous serez mieux fixés que par tout ce que l'on pourrait vous dire.

J'ai chassé pendant plus de 15 ans sans en avoir jamais vu aucun, parce que je cherchais machinalement comme les autres.

Aujourd'hui, je ne vais jamais à la chasse sans que j'en voie plusieurs ou sans que je fasse partir quelque lièvre.

Si vous trouvez un gîte vide, cherchez tout à côté. Si c'est une hase, vous la trouverez près de là, dans·un autre gîte.

Avant les vendanges, les lièvres se tiennent beaucoup dans les vignes, et l'on en trouve aussi dans les guérets qui sont à coté des vignes; suivez avec attention ces guérets, et vous verrez les lièvres au gîte, contre une grosse motte de terre.

Vous les y trouverez surtout quand il aura beaucoup plu pendant la nuit, le matin avant le jour; vous les y trouverez quelque temps avant les semailles des céréales, à l'époque où l'on porte le fumier dans les champs.

Cherchez-les surtout dans les champs qui n'ont pas encore été fumés.

S'il y a 4 pièces fumées et une 5ᵉ qui ne le soit pas encore, allez droit à cette dernière.

Rarement il se trouve au milieu des pièces; c'est presque toujours assez près de l'entrée ou dans les angles, à quelques pas des sentiers de servitude.

Il en est de même dans les vignes; ils se tiennent dans les angles ou assez près des passages.

Si vous chassez sur des coteaux et que pendant la nuit, au crépuscule du matin, il ait fait de fortes rafales, cherchez-les dans les fourrés à l'opposé du vent, dans les marnières surtout.

Crottins de Lièvre.

Les crottins du mâle sont un peu pointus; ceux de la femelle sont presque ronds. Le mâle court beaucoup pendant la nuit; il s'éloigne de son quartier pour courir après les femelles.

Les femelles sont assez casanières.

Si donc vous trouvez des crottins de femelle, soyez persuadés qu'elle n'est pas très loin; vous pourrez la trouver dans un petit périmètre.

Si vous trouvez des crottins d'un petit levraut, cherchez le père ou la mère, cette dernière surtout à une certaine distance. Ils ne se tiennent jamais ni très près ni très loin de leurs petits.

Après les semences, lorsque les blés commencent à couvrir la terre, les lièvres se tiennent dans les champs de blé, comme dans les guérets, c'est-à-dire assez près des bords, non loin des sentiers, des chemins de servitude ou tous autres chemins.

Il est facile de les voir au gîte.

Ils se mettent dans un petit trou qu'ils font avec les pattes, et la terre qu'ils remuent fait un petit volume dans le sillon.

Traversez donc les champs de blé surtout dans les enclos ou près des enclos, non loin des maisons, près des jardins, en regardant attentivement dans tous les sillons, et allez droit à toutes les mottes ou terre amoncelée que vous verrez dans les sillons.

Le lièvre est tout à côté de la terre qu'il a remuée; il paraît à peine; son poil est au niveau de la surface du champ.

L'an dernier, ayant trouvé plusieurs gîtes dans un champ, je pensais que le lièvre n'était pas loin et que je finirais par le trouver, lorsque tout à coup, passant dans le champ voisin, je m'écrie : le voilà! Mais le vent, qui agitait son poil, me fit croire qu'il était mort et qu'il était rongé par les vers; je crus ne voir qu'une carcasse ou plutôt la peau qui seule restait.—Je me baissai pour prendre cette peau par les oreilles, lorsqu'un lièvre énorme bondit sur ma figure et me fit tressaillir. Je repris vite mon sang-froid et je le pelotai.

L'instinct les porte à se faire un petit trou dans lequel ils se cachent.

Ne regardez donc pas si vous voyez des lièvres

dans les sillons, mais approchez-vous de tous les petits monceaux de terre que vous verrez.

On en voit aussi quelquefois dans les sillons, mais ce sont des lièvres qui ont été dérangés et qui n'ont fait que se blottir.

A six heures du soir, les lièvres comme les lapins sortent, pâturent et s'amusent dans les vignes pendant les mois de juillet et août.

Avant la moisson, les lièvres se tiennent beaucoup dans les avoines quand elles sont mûres.

Quand on a coupé une pièce d'avoine, et pendant tout le temps que la paille reste étendue dans le champ, tous les lièvres du quartier s'y rendent pendant la nuit. On les y tue à l'affût, le soir ou le matin. (Chasse prohibée.)

Après l'avoine, les lièvres attendent avec impatience l'épi du petit millet dont ils sont très friands. On les y tue aussi le soir à l'affût.

Bergers.

Quand vous êtes en chasse, ne dédaignez pas de questionner les bergers que vous rencontrez. Presque toujours, ils vous indiqueront quelque pièce de gibier. L'un vous dira qu'il a fait lever les perdreaux et qu'ils ont pris telle direction, l'autre vous dira qu'il a fait partir un lièvre à tel endroit qu'il vous désigne, et comme les lièvres

ont l'habitude de se tenir au même quartier jusqu'à ce qu'on les tue, cette indication du berger
vous sera précieuse, car si vous ne le tuez pas ce
jour-là même, vous pourrez être plus heureux
quelques jours plus tard.

Presque tous les lièvres ont les mêmes habitudes et fréquentent les mêmes lieux.

Si donc vous avez tué un lièvre dans un endroit où il était habitué, tenez pour certain que le
premier lièvre qui viendra plus tard se fixer dans
ce quartier se fera tuer au même endroit ou fort
près de là.

Chassez donc chaque année méthodiquement
les endroits où vous savez que l'on a fait partir
quelque lièvre, et même ceux où il en a été tué
depuis quelque temps, les morts pourraient avoir
été remplacés.

Chassez aussi avec attention le quartier où vous
viendrez de tuer un levraut, parce qu'il n'est pas
seul si l'on n'a pas déjà tué les autres de la même
portée, car il y a des hases qui en font jusqu'à
cinq; ordinairement, c'est deux ou trois, le plus
souvent deux.

Vous ne rencontrerez jamais une bergère con-
duisant un troupeau de brebis sans qu'elle vous
indique plusieurs cailles un jour de passage.

Si vous avez rencontré plusieurs bergères sor-
ties depuis longtemps sans qu'aucune d'elles puisse
vous montrer une caille, soyez assuré que la jour-

née est mauvaise, qu'il n'y a pas de passage, et mettez-vous à chasser les perdreaux et à traquer le lièvre. C'est selon le temps qu'il fait ou qu'il a fait pendant la nuit que l'on se décide à chasser tel gibier plutôt que tel autre.

Autres observations sur la chasse du lièvre au chien d'arrêt.

Si vous avez grièvement blessé un lièvre et qu'il entre dans une vigne, dans un bois, dans un endroit quelconque, serait-ce par le meilleur de tous les postes, gardez-vous bien de vous y placer pour l'y attendre, ce serait en vain, il n'y reviendra pas.

Il se défendra au moyen de ses crochets contre le chien qui le suivra; vous pourrez le voir plusieurs fois aller et venir, traverser les sentiers dans tous les sens, mais n'espérez pas de le voir arriver au poste. Vous le verrez venir droit à vous, et, quand vous croirez le tenir, il disparaîtra tout à coup.

Dans ce cas, il vaut mieux ne pas s'arrêter au poste, suivre le chien, et se placer au milieu des sentiers comme pour un lapin.

C'est que le malheureux a la conscience de son état, de sa faiblesse; il sent qu'il ne peut pas lutter de vitesse avec le chien qui le poursuit, et qu'il est perdu s'il s'aventure dans un sentier ou dans un chemin. Il ruse dans la vigne, dans le fourré, pour se dérober à la vue de son ennemi qui est si implacable et si acharné à sa poursuite qu'il s'emporte et qu'il perd la tête.

Le chien n'a plus de nez, il est fou.... Il ne chasse plus qu'à vue, cherchant de tous côtés s'il ne voit pas courir le lièvre qui se blottit, épuisé de fatigue, et qui se laisse dix fois passer dessus par le chien qui ne sait plus ce qu'il fait.

J'ai vu des meutes de vingt chiens courants passer ainsi sur un lièvre blotti de la sorte et forcés de l'abandonner.

Dans ce cas, si l'on ne trouve la passée du lièvre d'aucun côté, il est certain qu'il est resté là, et on le cherche pas à pas. Si c'est dans une vigne, on le cherche sillon par sillon.

Si le matin votre chien trouve l'entrée du lièvre, soit dans une vigne close, soit dans un taillis, et que ce lièvre s'y soit remis après avoir fait sa nuit, le meilleur poste est à l'endroit de son entrée; il ressortira par le même endroit.

Si, au contraire, un lièvre couru ou seulement dérangé pendant le jour est entré dans une vigne close ou dans un bois, le plus mauvais poste est celui de son entrée; allez vous placer à l'opposé.

On pourrait présumer, s'il n'est pas poursuivi, que, n'ayant rencontré personne sur son passage, il devrait naturellement revenir par le même endroit, dans la crainte de faire quelque mauvaise rencontre du côté opposé; mais comme il aura été dérangé, puisqu'il est en course en plein jour, l'instinct doit le porter à croire qu'il est poursuivi, ou que, du moins, il a été vu, et jamais dans ce cas il ne refoule sa voie. Il faut donc se porter en avant.

De même, si votre chien trouve la voie d'un lièvre qui vient de passer, et qu'il vous indique qu'il est entré dans une grande haie, dans un champ d'ajoncs ou dans un ruisseau desséché, attendez-vous à le voir partir du côté opposé à celui de son entrée.

Chasse à deux.

La chasse à deux est plus agréable, plus fructueuse, mais *il faut de la prudence.*

Deux chasseurs qui savent s'entendre et, qui n'y mettent pas de jalousie doivent tuer beaucoup de gibier. — Ils en lèvent bien davantage, et si ce n'est pas l'un qui tire, c'est l'autre.

Ils doivent chasser de front, et selon les circonstances, l'un se place et l'autre traque.

Quand les perdreaux ne veulent pas tenir, *aux heures où ils courent*, il est bon que l'un aille se placer et se cacher au bout de la vigne, tandisque l'autre les suit doucement dans la vigne et les pousse vers l'extrémité, ou bien ils marchent doucement l'un vers l'autre, et dans ce cas, il est rare que les deux chasseurs n'y tirent pas en même temps. — Il les ont mis entre deux feux.

Quand un lièvre est entré dans une vigne, l'un se place et l'autre le traque.

On fait de même après six heures du soir dans une vigne où l'on sait qu'un lièvre se tient habituellement; mais dans ce cas, il ne faut pas l'attendre aux postes; il se dérobe dans la vigne comme les lapins.

Dans les bruyères, dans les landes, l'un se tient au bout du sentier, au poste, tandis que l'autre buissonne et traque les deux côtés.

Pour la chasse de la bécasse, l'un se tient à découvert, sur les sentiers, dans les clairières, en dehors des bois, tandis que l'autre bat les fourrés avec les chiens.

BÉCASSE.

Passages.

J'ai remarqué tous les ans qu'il y a un très fort passage de bécasses dans les huit ou dix jours qui précèdent la Sainte-Catherine (fête des écoliers), du 10 au 25 novembre, *à l'époque de la nouvelle lune,* deux jours avant, pendant ou après, *suivant le temps.*

4⁺

S'il vient à faire froid, qu'il pleuve ou qu'il neige, et que le mauvais temps vienne du Nord, partez avec confiance.

C'est le premier passage et presque toujours le plus considérable de l'année, du moins le plus agréable, parce qu'il ne fait pas encore un froid excessif, et qu'on trouve les premières bécasses dans les grandes haies qui bordent les prairies, dans les buissons qui sont près des rivières et des ruisseaux, dans les bosquets, dans les petits taillis, et au lieu de les trouver dans les fourrés des grands bois comme pendant le gros hiver, on les trouve sur les bords, le long des bois et des sentiers.

Consultez le temps et les phases de la lune à partir de cette époque. La nouvelle lune et le plein de la lune sont les plus favorables.

Si le temps est doux, de belles journées sont préférables à la pluie et au temps brumeux.

Les bécasses précèdent le mauvais temps qui nous vient du Nord.

Si donc il y fait mauvais temps, qu'il y neige, et que cette neige, qui n'est pas arrivée chez vous, se soit arrêtée non loin de vos contrées, soyez certains que vous trouverez des bécasses.

Si en partant pour la chasse, le matin, vous voyez dans le nord un épais brouillard qui paraît s'avancer et qui menace d'envahir vos contrées, soyez encore pleins d'espoir, vous trouverez des bécasses.

Mais après un jour de grand passage, s'il pleut chez vous pendant la nuit et que la matinée soit claire, vous n'en trouverez pas le lendemain.

Quand vous verrez des oiseaux de passage, tels que vanneaux, pluviers, bécassines, étourneaux, canards sauvages, etc., etc., vous trouverez aussi des bécasses.

Quand le baromètre est très bas et qu'un gros mauvais temps s'annonce presque immédiat, partez encore avec espoir.

Dans le midi de la France, près des Pyrénées, les plus grands passages de bécasses ont lieu lorsque le mauvais temps vient du nord et qu'il neige beaucoup sur la montagne. Alors, chassées du Nord par le mauvais temps et arrêtées par la neige de la montagne, elles se jettent partout dans la plaine, dans les taillis, dans les haies, les buissons, etc., etc.

Au mois de mars, on trouve encore des bécasses. Ce sont les derniers passages.

Comment il faut tirer la Bécasse.

C'est pour la bécasse principalement qu'il est essentiel de savoir tirer *à la première pointe*, car il arrive très souvent qu'on n'a pas le temps de la viser et qu'on tire à coups perdus.

Quand la bécasse part dans les grands fourrés,

elle s'enlève en ligne droite, et l'on doit la tirer quand elle arrive au haut des branches au moment où elle fait le crochet pour se jeter à travers les arbres.

Mais quand elle part à découvert, le long des haies, des ruisseaux, *ne vous pressez pas*, laissez-la filer comme une caille, et ne tirez qu'à vingt-cinq pas.

S'il y a de la broussaille et qu'elle s'enlève au milieu des buissons, elle n'a pas plutôt fait son ascension qu'elle *se laisse aller tout à coup*, et vous courez le risque de la manquer si vous la tirez quand elle descend.

Ne vous pressez donc pas, et ne la tirez que lorsqu'elle file; elle est alors très facile à tuer.

Remise de la Bécasse.

Les bécasses font presque toujours leurs remises le long des sentiers ou dans les clairières des bois.

Quand vous verrez une bécasse sortir du bois que vous parcourez, ne désespérez pas de la retrouver; elle revient presque toujours d'un coup d'aile, et se jette alors sur les bords, le long du bois. C'est là que vous devez la chercher. Faites aller le chien, et tenez-vous en dehors du bois.

Si vous ne l'y trouvez pas, suivez les buissons, les ruisseaux, les grandes haies des alentours.

Quelquefois, elle fait sa remise très près. A peine est-elle partie qu'elle se laisse retomber lourdement; mais il arrive souvent, surtout dans les petits taillis, qu'elle part d'un vol si rapide qu'on ne la retrouve plus; elle quitte le quartier pour s'en aller dans un autre fort éloigné.

Pour faire cette chasse, on met au chien un petit collier avec un grelot qui vous permet de l'entendre et de savoir où il est afin de vous poster au besoin, lorsque vous ne l'entendez plus, car il arrête en ce moment.

Comme les bécasses se nourrissent de vers et de toutes sortes d'insectes, elles recherchent dans les bois, ainsi que partout ailleurs, les terrains humides, un peu marécageux. Elles se plaisent surtout dans les bois ou taillis qui avoisinent des prairies ou des pacages où l'on mène paître les bestiaux. Là, elles se rendent toutes les nuits, pendant le court séjour qu'elles font dans un quartier, pour aller becqueter les bouses des vaches et manger les insectes qu'elles renferment ou qu'elles attirent.

C'est là aussi que les braconniers vont les tuer à l'affût, le soir au crépuscule, un peu plus tard au clair de la lune, et le matin de très bonne heure.

Les uns les tuent au passage et les tirent au vol quand elles s'y rendent ou qu'elles en reviennent; les autres vont se cacher et les attendre assez près de quelque bouse pour les tuer à terre.

Comme elles pâturent toute la nuit, il est à croire qu'elles dorment une partie du jour. Aussi fait-on du bruit pour les faire partir, et il arrive souvent qu'elles ne partent que sous le nez du chien ou sous les pieds du chasseur.

Il n'en est pas de même aux remises. Elles repartent au moindre bruit, ce qui me fait croire à la fausseté du proverbe : *Sourd comme une bécasse*.

Elles tombent pour peu qu'on les touche; aussi ne doit-on employer que du plomb n° 6. Il est bon aussi d'avoir un fusil court, à bascule, afin de mieux circuler dans les taillis et de n'être pas gêné pour viser, car il faut être prompt. On la tire souvent au cul levé, et même au jugé.

La bécasse est une si jolie pièce de gibier que j'envie le bonheur de ceux qui se trouvent sur les lieux des grands passages, comme les environs des montagnes, et notamment les côtes de l'ouest de la France, où elles s'abattent en si grand nombre, et où on les trouve par masses, à leur arrivée, sur les falaises, dans les gaulis, dans les bois, dans les jardins, et même dans les cours des habitations voisines de la mer.

Tout le monde sait que la bécasse est un excellent manger, mais elle a besoin d'être venée. Il ne faut pas cependant la laisser trop faisander parce que les intestins, qui ont un fumet tout particulier, et dont les gastronomes savourent la succulente rôtie, se corrompent assez promptement.

BÉCASSINE.

La chasse à la bécassine est une des plus agréables quand on est bon tireur, et c'est la bécassine surtout qu'il est bon de savoir tirer subtilement.

Elle part comme un trait en faisant une pointe, puis deux ou trois crochets, après quoi elle file droit en rasant la terre jusqu'à ce qu'elle s'élève dans les airs.

Si la bécassine partait près, on pourrait ne la tirer qu'après ses crochets, lorsqu'elle file; mais comme presque toujours elle part de loin, il faut la tirer au cul levé, à la première pointe. Si on la manque du premier coup, on peut riposter le second quand elle fait ses crochets. Avec ma méthode de tir et un peu d'habitude, on tuera la bécassine aussi bien que les cailles.

Il y a trois espèces de bécassines : la grosse, la moyenne et la petite, que l'on appelle sourde parce qu'elle part au nez du chien ou sous les pieds du chasseur.

La grosse et la petite sont faciles à tuer parce qu'elles ne font pas de crochets en partant. La grosse vole à peu près comme la bécasse, et la petite s'enlève d'un vol inégal mais qui n'est pas rapide. Il n'y a qu'à ne pas se presser.

Pour la bécassine moyenne, qui est la plus commune, la plus nombreuse, et qui jette un petit cri en partant, il est essentiel d'avoir un bon chien qui ait l'habitude de cette chasse.

Il faut qu'il aille toujours, comme s'il était à une remise, lentement, doucement, avec défiance, avec la crainte de faire partir le gibier.

Il faut que le chasseur et le chien ne fassent pas le moindre bruit, sous peine de voir les bécassines partir de trop loin.

Les bécassines se réunissent tous les soirs pour passer la nuit sur la lande, aux environs des marais. Le chasseur qui assiste à leur coucher est assuré de les trouver à la même place le lendemain de bonne heure.

Il fait le coup double au départ, et se promet une bonne chasse en allant aux remises.

On trouve la grosse bécassine dans les parties les plus limpides des marais, et la petite sourde, au contraire, dans les endroits fourrés, au milieu de touffes d'herbes où elle reste cachée.

Elle fait ses remises très près; mais comme elle se jette encore dans le fourré, où elle ne peut guère courir, il est bon de la suivre de l'œil avec attention pour voir où elle plonge, afin de la retrouver facilement.

C'est une chasse agréable pour les médiocres tireurs, parce qu'ils tirent à chaque moment et sans se fatiguer.

GRIVE.

La grive est un des gibiers les plus fins, les plus délicats.

On en distingue plusieurs espèces, mais la commune est la meilleure et celle dont nous allons nous occuper.

Elle nous vient du Nord et n'arrive en France que dans l'automne, au temps des vendanges. Elle y passe tout l'hiver et s'en revient au printemps.

Elle se nourrit de raisins, de vers et d'insectes, puis des baies de tous les arbres et arbustes des bois : frêne, houx, lierre, sorbier, cornouiller, if, genevrier, etc., etc. Son vol est inégal; aussi n'est-il facile de la tirer que lorsqu'elle est alourdie par la graisse.

Il est très difficile de la voir à terre dans les vignes, et le mieux est de la tirer au poste.

Un chasseur va se cacher à portée des arbres où les grives vont ordinairement se reposer, tandis qu'un autre parcourt doucement les vignes et les pousse vers les arbres.

Il faut d'avance préparer les postes, arranger une place pour n'être pas aperçu.

Mais voici une bonne manière de chasser les grives quand on est seul :

Au lieu de parcourir les vignes et de pousser les grives vers les arbres dans l'espoir de les tirer, commencez par vous placer et vous bien cacher à portée des arbres et jetez une pierre dans la vigne.

Si vous ne voyez partir aucune grive, elles peuvent être plus loin, et dans ce cas vous entrez doucement dans la vigne en laissant les arbres derrière vous. Arrêtez-vous à vingt-cinq pas contre la souche la plus élevée, sur laquelle vous arrangez quelques pampres et contre laquelle ou plutôt sous laquelle vous devez vous cacher.

Vous prenez une pierre et la jetez si loin que vous pouvez devant vous. Pendant que la pierre est en l'air, vous vous blottissez contre la souche, tourné du côté des arbres et vous tenant prêt à tirer.

Toutes les grives qui se trouvent entre vous et la pierre qui tombe en faisant peu de bruit, se lèvent sans beaucoup de frayeur et vous passent par dessus pour aller se percher sur les arbres.

Vous les tirez aussitôt qu'elles sont posées.

Si les arbres sont trop feuillus, et que vous n'espériez pas de les voir au milieu des branches, il vous est facile de les tirer au vol, car elles planent et vont très doucement quand elles vont se reposer, surtout si elles viennent de bas en haut.

Prenez donc, autant que possible, cette position.

Si vous êtes bon tireur, vous préférerez les tirer au vol, et, dans cette position, vous les tuerez aussi bien que les cailles.

Si vous n'êtes pas sûr de vous, que vous préfériez tirer au posé, et que les arbres soient trop fourrés, préparez plusieurs places d'avancé, et au milieu ou à côté de ces arbres, arrangez une branche sèche ou effeuillée où les grives iront se reposer.

Mais il vaut mieux les tuer au vol, parce que vous n'avez besoin d'aucun préparatif. Vous ne faites que passer en tirant un coup de fusil à chaque endroit, et en remplissant votre carnier sans beaucoup de peine.

Vous n'avez besoin d'être bien caché que pour tirer au posé.

Pour tirer au vol, une souche un peu plus élevée que les autres vous suffit.

Les grives ne voyant personne en se levant se dirigent vers les arbres avec confiance et vous passent par dessus d'un vol assez uni.

Exercez-vous donc à la cible volante pour faire de belles prises.

On ne peut pas d'ailleurs toujours se placer comme on veut.

Souvent, l'on ne trouve que quelques sillons de vignes qui longent un bois ou une allée d'arbres, et qu'arrive-t-il dans ce cas?

Un tireur ordinaire fait partir les grives et attend qu'elles soient sur les arbres pour les tirer au posé, mais à peine a-t-il levé le fusil que les grives ont changé de place, et dix, quinze, vingt grives lui partent sous le nez sans qu'il puisse décharger son arme.

Il se retire le carnier vide et ennuyé.

Un bon chasseur, au contraire, tire à toutes les grives qui lui partent à portée, et, comme leur vol est lent et uni quand elles montent en se dirigeant vers les arbres, le tir en est facile et la chasse abondante.

Une grive d'ailleurs tuée au vol rend le chasseur beaucoup plus content que deux ou trois qu'il aurait tuées au poste.

Dans la Provence, on fait cette chasse au moyen d'un *appelant*.

On se procure d'avance une grive que l'on met en cage, on plante un petit arbre mort, sec ou effeuillé au milieu des arbres verts, et l'on cache la cage avec du feuillage tout à côté de l'arbre sec.

Les grives appelées par la captive arrivent en foule, vont se percher ou descendent insensiblement sur les branches sèches, et là on les mitraille à son aise en tirant de la hutte que l'on a préparée d'avance.

C'est une chasse aussi fructueuse que peu fatigante, et si elle ne donne pas cette joie que procure l'adresse, elle garnit au moins la cuisine, ce qui a bien aussi son mérite.

Vers la fin de l'hiver, après un gros mauvais temps, nous avons des passages considérables de plusieurs espèces de grives qui ne se laissent approcher que lorsque le temps est sombre et qu'il gèle beaucoup.

S'il fait soleil, elles sont très défiantes, et rarement on peut les approcher assez pour les tirer.

Elles recherchent les prairies où l'on a répandu des fumereaux.

Il faut être deux pour bien faire cette chasse, l'un va se poster près des arbres, tandis que l'autre cherche à les tirer à terre.

Si l'on avait la précaution de se procurer un *appelant* et de préparer d'avance quelques huttes de feuillage le long des prairies fréquentées par ces oiseaux, on ferait des chasses fort agréables et d'autant plus fructueuses que les arbres n'ayant pas de feuilles, il serait facile de les voir et de les tirer.

Parmi ces grives, dont la plupart sont très belles et très grasses, se trouve la plus petite de toutes, appelée mauvis, et qu'on reconnaît à la couleur orangée du dessous de l'aile.

Cette grive est l'ennemie née du renard, et, quand elle en aperçoit un, elle s'acharne à le poursuivre de ses cris aigus.

Ce serait fort amusant de faire cette chasse au moyen d'un renard empaillé qu'on placerait à portée d'une haie contre laquelle on se tiendrait caché assez près de quelques arbres.

5*

PALOMBES.

La chasse aux palombes est une des plus belles que l'on puisse faire dans le midi de la France et dans tous les pays de passage.

Pour faire cette chasse, il faut une cabane, deux palombes qui doivent servir d'appeaux, et des raquettes sur lesquelles on les place.

Raquette.

Pour faire la raquette, on prend un bâton aussi droit que possible, d'une longueur environ de 90 centimètres; à l'un de ses bouts, on place la palombe; mais, pour qu'elle puisse facilement s'y tenir, il faut procéder à un petit travail qui consiste à faire un trou à environ 15 centimètres du bout du bâton par lequel on passe une petite gaule avec laquelle on forme un cercle de la circonférence d'environ 34 centimètres. Dans l'intérieur, on met d'autres petites gaules sur lesquelles la palombe posera ses pattes.

Au milieu du cercle et dans le bâton qui sert de raquette, on fait un autre trou qui servira à attacher la palombe à la raquette, et voici comment :

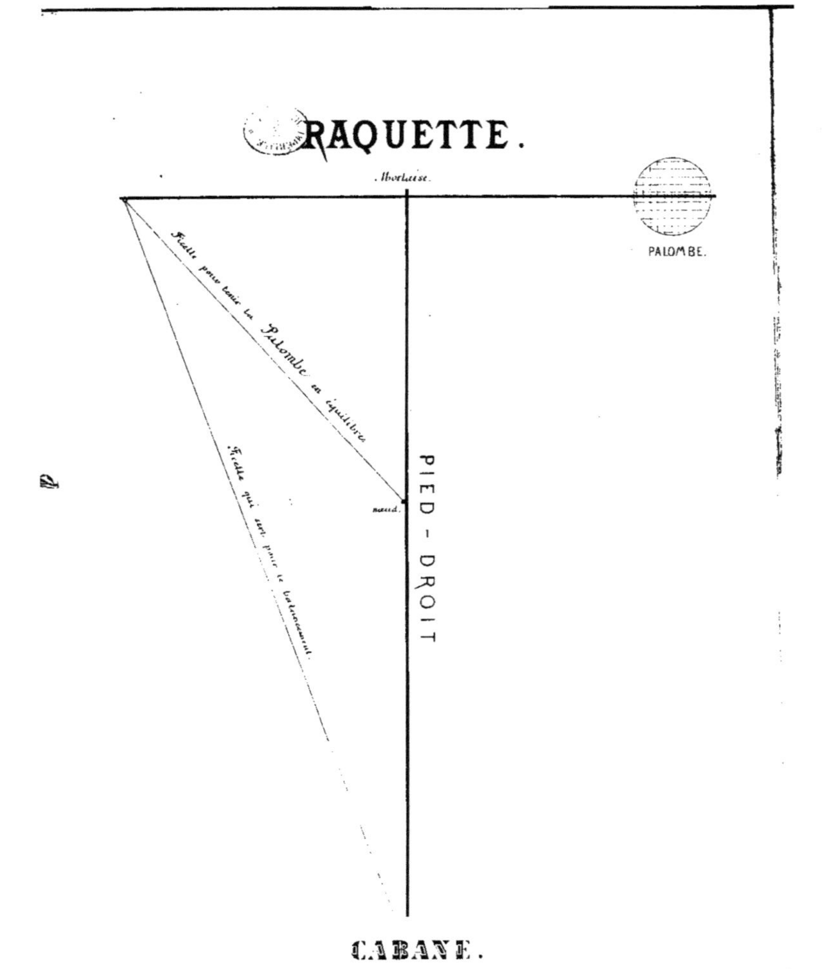

RAQUETTE.
Mortaise.
PALOMBE.
PIED - DROIT
Ficelle pour tenir la Palombe en équilibre
nœud.
Ficelle qui sert pour le batonnement.
CABANE.

On prend un peu de lisière avec laquelle on attache les deux pattes de la palombe, en ayant soin de laisser à cette lisière une longueur d'environ 8 centimètres au milieu de laquelle on attache une ficelle que l'on passe dans le susdit trou, après quoi on l'arrête au moyen d'un ou de plusieurs nœuds ou de toute autre manière. On doit faire les nœuds dans l'endroit opposé à celui par où l'on a fait entrer la ficelle. Il est important que le trou soit assez grand pour que la ficelle puisse tourner dans tous les sens, sans quoi les mouvements de la palombe seraient gênés et ils ne doivent pas l'être.

Cela fait, on prend un pied droit plus ou moins long, selon la distance qu'il y a de la cabane au sommet de l'arbre. Au bout de ce pied droit, on fait une mortaise dans laquelle on introduit la raquette à environ 42 centimètres du bout où se trouve la palombe. On attache la raquette à ce pied droit au moyen d'une petite cheville que l'on passe par un trou qu'on aura fait dans la mortaise ainsi que dans la raquette. La cheville doit être plus petite que le trou, afin que le balancement soit facile à l'autre bout de la raquette; on attache une ficelle assez longue pour que le chasseur puisse la prendre de la cabane toutes les fois qu'il voudra faire battre l'appeau; mais pour que la palombe, toutes les fois qu'on la fera battre, puisse reprendre son équilibre, il faut une deuxième ficelle d'une longueur d'un mètre environ que l'on attachera à un clou qu'on aura mis dans le pied droit, et aussi près de la première ficelle, c'est-à-dire que cette deuxième ficelle devra être attachée et au clou et près de la première.

On doit ensuite pocher les yeux à la Palombe; on le fait presque partout, mais c'est un usage barbare.

Il vaut mieux lui faire une petite coiffe d'un morceau d'étoffe qui sera de sa couleur, et il faut imiter, autant que possible, la tête de la palombe; et comme les premiers jours elle cherchera à s'en débarrasser par des mouvements subtils de la tête ou de toute autre manière, on formera une petite coulisse avec un peu de fil que l'on nouera derrière sa tête.

Cabane.

Pour bien faire cette chasse, il faut d'abord faire la cabane sur un arbre, du haut duquel on puisse promener ses regards par dessus les autres arbres. Il faut prendre toutes les précautions possibles pour l'établissement de la cabane : il faut qu'elle soit solide et que le chasseur puisse y circuler dans tous les sens, afin de pouvoir, sans inconvénient, tirer sur l'un ou l'autre des arbres destinés au repos des palombes.

Il est très essentiel que la cabane soit construite

près d'un arbre que l'on jugera convenable pour y faire reposer les palombes; on y pratiquera une petite ouverture par laquelle on pourra voir ledit arbre, et comme il arrive quelquefois que les palombes ou les ramiers se reposent sur n'importe quel arbre dont la cabane est entourée, on devra laisser une toute petite ouverture vis-à-vis de chacun d'eux.

La cabane doit être couverte avec le plus grand soin de branches et de feuillage, de manière à ce qu'on ne puisse pas être aperçu. Les plus petites ouvertures, à l'exception de celles qu'on aura laissées pour voir les arbres de repos, seront fermées avec la plus grande attention.

On doit faire jouer l'appeau toutes les fois que l'on aperçoit des palombes, si éloignées qu'elles soient; on donnera un ou deux coups d'appeau par minute; le chasseur doit être très attentif au moindre mouvement que fera le gibier appelé; s'il remarque que l'appeau a été aperçu, et alors que les palombes ou les ramiers seront encore à une assez grande distance, il laissera un peu plus d'une minute d'intervalle entre chaque coup d'appeau. Mais une fois que l'oiseau qu'on appelle ne sera plus qu'à une distance de 100 ou 150 mètres, le chasseur ne fera agir l'appeau que lorsque la dernière palombe aura dépassé au moins de deux mètres les raquettes sur lesquelles se trouvent les appeaux; alors il donnera un coup *très subtil*, et rarement il manquera de faire reposer soit les palombes, soit les ramiers.

Il arrive quelquefois que les palombes, qui sont arrivées à 100 ou à 200 mètres de la cabane, cherchent à passer à droite ou à gauche de l'appeau, et cela parce qu'elles auront pâturé avant d'arriver au poste que vous occupez; mais ne désespérez nullement de les faire venir chez vous; faites agir l'appeau une ou deux fois par minute, et lorsque vous aurez remarqué que les palombes font un mouvement rétrograde, restez alors tran-quille et prenez votre fusil, vous les aurez bientôt sur l'arbre.

La chasse à l'appeau est bonne pendant tout le mois de septembre, et si le chasseur est un peu matinal, il tuera presque tous les jours quelque palombe ou quelque ramier avant le lever du soleil.

Les passages ont lieu principalement à toutes les phases de la lune.

Depuis 8 heures du matin jusqu'à 10, et depuis 2 jusqu'à 4, on voit et l'on tue tous les jours quelques palombes. Le reste de la journée est plus ou moins bonne. Mais il faut que le chasseur soit toujours près de l'appeau parce qu'au moment peut-être où il s'y attendra le moins, les palombes ou les ramiers pourront arriver.

Si vous faites la cabane dans un endroit favorable, vous pourrez voir des palombes à toutes les heures du jour. Il faut donc que le chasseur reste à son poste jusqu'à l'entrée de la nuit, parce que le soir, même un peu tard, il verra un nombre considérable de palombes et de ramiers.

La chasse aux palombes est une des chasses les plus agréables.

Il est impossible de peindre l'émotion du chasseur qui fait rôder autour de sa cabane une belle volée de palombes, et qui tout à coup les entend s'abattre sur les arbres de repos.

La palombe est un bel et bon gibier, et l'on en tue de 15 à 20 par jour si l'on est bien placé.

On emporte un livre dans la cabane, et l'on s'amuse à lire tout en faisant le guet.

On peut aussi être deux ou trois et causer à voix basse, à la seule condition de se taire et de ne pas bouger quand les palombes approchent.

Il y a des chasseurs qui, au lieu de faire la cabane sur un arbre, la font à terre, mais dans ce cas il faut être bien placé, sur un point culminant d'où l'on puisse bien voir arriver les palombes.

La chasse est moins grandiose et moins fructueuse parce qu'on n'est pas aussi bien placé pour faire jouer les appeaux, mais on tue toujours quelques pièces de gibier, et l'on fait aussi quelquefois de bonnes journées.

RAMIER ou BISET.

Les ramiers se chassent de la même manière, c'est-à-dire qu'on chasse le tout en même temps.

À part cette chasse, il est très difficile de tuer les palombes et les ramiers autrement qu'à l'affût.

On fait des huttes de feuillage et on les guette aux bords des ruisseaux où ils ont l'habitude d'aller se désaltérer, parce qu'on a remarqué qu'ils reviennent toujours aux mêmes endroits.

Dans certains pays on plante dans les champs qui paraissent leur convenir 4 à 5 branches d'arbre bien feuillues, assez éloignées les unes des autres et disposées de manière à pouvoir aller dans tous les sens vers le gibier, en se baissant et allant directement à celle qui couvre le chasseur, c'est-à-dire que la branche doit se trouver entre le chasseur et le gibier.

Par ce moyen, on peut en approcher pour les tirer à terre ou au vol.

On se sert aussi de ces mêmes branches pour tirer sur les corneilles, corbeaux, pluviers, vanneaux, canepetières et tous autres oiseaux de passage.

TOURTERELLE.

La tourterelle est un excellent gibier pendant les vendanges et plus encore au temps des petits millets, mais il est difficile d'en approcher.

On la chasse à l'affût, comme les ramiers, et au moyen de branches dont on entoure les champs de millet de distance en distance.

Si, près de ces champs, il y a quelques arbres ou un petit bosquet, on s'y fait une hutte avec du feuillage, de manière à pouvoir tirer sans être aperçu. On se place à portée de l'arbre préféré par les tourterelles, ayant ordinairement quelques branches sèches; on va se cacher dans la hutte pendant qu'un autre chasseur ou un ami les fait partir doucement et les pousse vers cet arbre.

Si l'on est seul on lance une pierre dans le champ de millet au moyen d'une fronde et l'on se cache pendant que la pierre est en l'air.

Une bonne méthode pour en tuer beaucoup, c'est de les chasser comme les grives dans la Provence au moyen d'un appelant.

C'est un oiseau d'ailleurs très facile à priver, et si l'on n'a pas une tourterelle commune, on peut la remplacer par une de ces tourterelles blanches à collier noir qu'il est si facile de se procurer.

COQ DE BRUYÈRE.

Le coq de bruyère est un oiseau magnifique, l'un des plus gros gibiers à plumes d'Europe.

Le mâle est noir. La femelle grise.

Le coq de bruyère habite les hautes montagnes boisées, couvertes de sapins.

Il fait la roue comme le dindon et le paon, et c'est probablement pour cette raison qu'on l'appelle aussi petit paon.

Il est sauvage et si défiant qu'il est très difficile d'en approcher; aussi lui fait-on la chasse à l'affût dans des huttes de feuillage, après avoir remarqué l'endroit où ils vont se percher le soir en criant.

La meilleure époque pour tuer les coqs de bruyère est l'époque des amours. C'est un oiseau tellement passionné qu'il ne se préoccupe que de sa femelle et qu'il ne connaît plus le danger. Il devient comme sourd et aveugle. Il ne voit plus ni n'entend.

On attire les coqs de bruyère avec des *balvanes* ou femelles empaillées, que l'on place dans des attitudes naturelles et de manière à être facilement aperçues.

Les mâles qui les voient poussent des cris étranges et viennent avec fureur se battre et se disputer ces balvanes, de sorte que si l'on a su se bien placer, il n'est pas difficile de les tirer dans ces moments.

C'est principalement à la fin de l'hiver, dans les premiers jours du printemps, que cette chasse peut être fructueuse.

Tous les coqs se rassemblent par troupes et se disputent les femelles avec tant d'acharnement que l'on profite de ces moments de folle passion pour les approcher et les tirer.

Il faut un bon fusil et du gros plomb.

On trouve les jeunes coqs de bruyère par petites compagnies de 7 à 8. Ils tiennent assez bien à l'arrêt du chien quand ils sont jeunes, et comme ils présentent un gros volume, et que leur vol n'est pas rapide, il est assez facile de les tuer.

Il est des chasseurs qui tirent le plus grand parti de la tendresse de la mère pour ses petits.

On la fait venir comme la perdrix avec un appeau qui imite les cris de détresse d'un petit qui s'est perdu. Elle accourt aussitôt avec toute sa nichée, et la malheureuse tombe victime de sa sollicitude et de son dévoûment.

GÉLINOTE.

La gélinote, qui est un excellent gibier, semble appartenir à la famille des perdrix. Elle est plus grosse que la perdrix grise, à peu près comme la bartavelle ou grosse perdrix rouge; son plumage est un peu sombre. Le mâle ne diffère de la femelle que par des plumes noires très marquées sous la gorge et par le tour des yeux rouges.

Les gélinotes vont par compagnies comme les perdrix; elles se laissent arrêter par les chiens, font beaucoup de bruit en partant et ont le vol très lourd.

Elles habitent les montagnes; elles vont se percher le soir, en criant beaucoup, sur la cime des sapins les plus élevés, ce qui fait que les chasseurs de la contrée vont les surprendre le matin au point du jour.

Elles ne sont pas défiantes comme les coqs de bruyère, et loin d'être sauvages, on les dirait plutôt stupides, car au printemps et à l'automne, lorsque les arbres ont peu de feuilles, elles se laissent facilement approcher et tirer au milieu des branches où elles se croient en sûreté, si bien que si on les manque du premier coup, elles ne partent pas, elles ne font que rentrer un peu plus la tête dans les plumes, et se laissent tirer jusqu'à ce qu'on les atteint.

On détruit ainsi quelquefois des compagnies entières.

Ce sont des chasses fort agréables. Il est seulement fâcheux qu'il faille les aller chercher dans les montagnes.

Dans les Pyrénées, les baigneurs de Cadéac (eaux sulfureuses dans la vallée d'Aure), prennent des guides et reviennent très souvent chargés de perdrix et de gélinotes.

CANARD SAUVAGE.

Comment il faut les tirer.

Dans les pays où l'on voit peu de canards sauvages, on les manque presque tous, parce qu'on ne sait pas les tirer. Il ne suffit pas de les bien ajuster pour les faire rester; sur cent, vous n'en tuerez pas un si vous les tirez au posé et en face, les eussiez-vous à quinze pas.

Les canards ont les plumes si fourrées qu'elles sont impénétrables au plomb; il glisse et ne fait que les effleurer.

Il faut donc les faire partir et les tirer au vol

6*

dans l'espoir de leur casser les ailes et pour que le duvet si épais du ventre s'ébouriffe à l'air.

Vous aurez dix fois plus de chances en les tirant au vol que si vous les tiriez à terre ou à la surface des eaux.

Ceux qui ne savent pas tirer au vol doivent faire en sorte de les surprendre. Il faut se bien cacher et ne les tirer que lorsqu'ils sont en profil. Dans cette position, on leur tire sur la tête, et si les canards sont nombreux, on peut en tuer plusieurs à la fois.

Ne les tirez jamais en face.

Dans les lacs et les étangs où couvent des canards sauvages, les chasseurs expérimentés s'emparent assez facilement des jeunes canards quand ils sont parvenus à tuer la mère. Ils prennent une canne domestique qu'ils attachent par les pattes avec une longue ficelle à un piquet planté au bord de l'eau.

Cette canne, par ses évolutions dans l'eau et par son caquetage, attire les jeunes canards qui la voient ou l'entendent et qui arrivent avec empressement croyant retrouver leur mère.

Le chasseur, caché sur les bords, les ajuste et les tire à son aise.

Mais il n'en est pas de même des canards sauvages qui ne font que passer et qui ont acquis toute l'expérience que donnent les voyages.

Ils sont extrêmement défiants; ils ont l'ouïe

fine et la vue perçante; il faut des précautions infinies pour en approcher.

Dans le Nord, on leur fait la chasse en se cachant dans des huttes autour desquelles on les attire au moyen de canards domestiques.

On se sert aussi de nagerets ou petits bateaux au moyen desquels on se cache derrière les roseaux, et quand on est à portée d'une volée de canards on les fait partir et l'on tire ses deux coups au milieu du groupe, mais toujours en visant quelqu'un.

Il y a des chasseurs qui exploitent l'aversion si prononcée de tous les oiseaux pour le renard. Ils se servent de balvanes ou renards empaillés: les canards, qui les aperçoivent, arrivent furieux et volent près d'eux comme pour les narguer et les braver.

Ceux qui n'ont pas de renards empaillés dressent de petits chiens appelés loups-loups, qu'ils choisissent les plus ressemblants au renard par la taille, le poil, les oreilles droites et le museau pointu.

On les dresse à quêter entre les rives fréquentées par les canards et les huttes où sont cachés les chasseurs.

C'est au crépuscule du matin ou du soir que cette chasse est fructueuse.

Les canards apercevant le chien qui quête sur le rivage s'approchent en grand nombre, et les chasseurs ont beau jeu pour tirer au milieu de la bande.

On leur fait aussi la chasse pendant la nuit avec un falot qu'on place devant un chaudron neuf que l'on promène sur les bords des eaux habitées par les canards. Ils sont attirés et fascinés par l'éclat de la lumière qui se reflète dans les eaux, de sorte qu'on peut les approcher et les tuer commodément.

Il faut des canardières ou des fusils de fort calibre et du gros plomb.

SARCELLE.

La sarcelle est citée comme le meilleur de tous les oiseaux aquatiques.

Elle n'est pas défiante comme le canard et se laisse plus facilement approcher.

Les sarcelles sont des oiseaux de passage dans le midi de la France où l'on cherche à les surprendre le long des rivières et dans les marais.

Dans le nord où elles séjournent et où elles font leurs nids dans les joncs ou dans les roseaux, on les chasse avec le chien d'arrêt et on les tire au vol.

Chien d'arrêt.

Il doit être très soumis, se tenir à vos talons quand vous allez à une remise.

Il ne faut jamais l'appeler à haute voix ni siffler quand vous êtes à la chasse des perdrix.

Il doit répondre à vos signes.

Vous devez le dresser à ne pas s'emporter sur le coup de fusil.

Tuez-lui quelquefois du gibier à terre, sous le nez, pour consolider son arrêt.

Si vous tirez sur une caille, à terre, faites-lui sauter la tête, ou bien tirez à 8 centimètres en dessous de la caille.

Si vous voyez un lièvre au gîte, tirez-lui sur la tête si vous l'avez très près, ou bien reculez de quelques pas pour ne pas l'abîmer.

Arrêt.

Le plus bel arrêt est celui du chien qui chasse au vent.

Pour le dresser à chasser au vent, il faut le mener tout jeune, aux perdrix, au mois de mars, quand elles s'apparient, et continuer jusqu'à l'ouverture de la chasse.

Si vous commencez par le dresser aux cailles, vous le verrez naziller et quêter le nez à terre.

Vous devez dresser votre chien à ne pas chasser loin de vous et à croiser sa chasse, c'est-à-dire à aller constamment de droite à gauche et de gauche à droite, vous précédant de quelques pas seulement, en lui disant — traverse ! jusqu'à ce qu'il en ait l'habitude.

Par ce moyen vous serez toujours à portée du gibier.

Quand on ne chasse que la caille dans une vaste plaine couverte de chaumes, il est agréable, pour un paresseux qui ne veut pas se fatiguer, de se planter comme un piquet au milieu de la plaine, de laisser faire son chien et de n'aller le joindre que lorsqu'il trouve ou qu'il arrête.

On se fatigue beaucoup moins, mais le chien, tout fier de sa liberté, n'étant plus sous l'œil de son maître, commet des fautes graves et se gâte.

Il s'habitue surtout, et bien vite, à chasser loin de vous, et quand vous entrez dans les vignes, dans les maïs, dans les fourrés, vous le perdez à tout instant de vue, vous êtes forcé de l'appeler, et le bruit que vous faites en l'appelant épouvante le gibier.

Il arrive aussi souvent que le gibier ne fait pas ferme et qu'il part au nez du chien avant que vous n'êtes arrivé pour le tirer.

C'est donc payer trop cher le repos que l'on prend dans la plaine.

Il ne faut jamais laisser prendre aucune mauvaise habitude à son chien. Il doit toujours être sous les canons du fusil, toujours craintif, ne pas chasser avec emportement, mettre le nez partout, dans chaque trou de haies, de fossés et de buissons, et pour réduire les chiens ardents, il faut un fouet à la main, ne jamais le quitter jusqu'à ce qu'ils soient bien dressés, et ne pas leur pardonner une faute.

La vue du fouet les rend craintifs et dociles.

On les fouette sans ménagement quand ils le méritent et plus on les corrige plus ils deviennent soumis.

On ne doit jamais tirer les oreilles à un chien, ça le fait devenir sourd.

Rapport.

Il faut le collier de force pour les chiens de plus d'un an qui ne rapportent pas naturellement.

Il est très facile de donner le rapport à un chien de 5 à 6 mois. On le fait en s'amusant.

On commence par lui faire rapporter du pain qu'il va chercher très volontiers par l'idée qu'il a de le manger.

En le lui jetant, vous lui dites : allez chercher. — Et quand il le prend vous lui criez : apporte, avec beaucoup d'entrain et force caresses. — Il le prend et vous l'apporte tout frétillant, — vous le lui sortez de la gueule et vous le faites se placer, c'est-à-dire que vous le faites mettre droit sur son derrière, en lui disant : placez-vous,—vous l'y contraignez au besoin, — vous lui faites tenir la tête haute et le forcez à rester immobile, — vous lui faites sentir le pain, et s'il le prend, vous lui donnez un coup sur le nez, — puis quand il le flaire sans le prendre, vous le caressez et lui donnez le pain à petits morceaux, à titre de récompense.

Vous recommencez plusieurs fois de suite cette opération.

Quand il rapporte bien le pain, vous faites semblant de le jeter loin et vous l'envoyez à l'endroit opposé à celui que vous sembliez désigner par le mouvement de votre bras et lui dites : allez chercher.... cherche... jusqu'à ce qu'il le trouve.

Vous le lui faites chercher dans des réduits où vous le cachez, sous des chaises, sur des tables, partout.

A la campagne, quand vous allez vous promener, vous laissez tomber, sans qu'il le voie, un tout petit morceau de pain, et quand vous êtes à quinze pas, vous lui dites : allez chercher.... apporte !

Vous faites de même à 30 pas, à 60, à 100 pas, toujours en flattant et caressant beaucoup le chien.

Il faut pour tout cela plusieurs morceaux de pain que vous lui faites manger au fur et à mesure des leçons.

Du pain, vous passez à une pelote que vous lui jetez fort loin et qui l'amuse beaucoup.

De la pelote vous passez au mouchoir, du mouchoir à des morceaux de bois, et enfin au gibier.

Ce rapport se donne en s'amusant, et il y a des chiens qui l'ont très solide, donné de cette manière si simple. Au besoin, on donnerait le complément au moyen du collier de force; mais c'est inutile presque toujours. On comprend que le chien ne doit pas être mort de faim quand on veut le dresser à rapporter le pain; — mais il ne faut pas non plus qu'il ait trop mangé quand on veut lui donner ces premières leçons.

Quand un chien à la dent meurtrière, s'il abîme le gibier, le collier de force est nécessaire.

Chiens qui nagent pour rapporter le gibier.

Il est essentiel que les chiens rapportent bien dans l'eau, principalement pour la chasse aux canards et pour tous les oiseaux aquatiques.

Pour cela, il faut les habituer à l'eau de bonne heure, quand ils sont jeunes, et les faire baigner pendant l'été. Ils éprouvent d'abord une grande répugnance qui disparaît par l'habitude, et ils finissent par y sauter hardiment pour y aller happer le gibier qui y tombe.

Il n'y a qu'à procéder graduellement, commencer dans des endroits où il y a très peu d'eau, et les mener insensiblement dans les ruisseaux, les rivières et les grandes mares.

Pour les y faire sauter bien vite, il n'y a qu'à y jeter une pièce de gibier blessé et tirer un coup de fusil en leur criant : *apporte !*

Maladie des chiens.

EXCELLENT PRÉSERVATIF.

Il y a des personnes qui donnent tous les jours pendant quelque temps, à leurs jeunes chiens, de la fleur de soufre avec de la soupe et de l'eau ferrugineuse ou ferrée dans laquelle on a mis du fer ou des clous rouillés.

Si malgré cette précaution la maladie se déclare, elle est beaucoup moins intense et peut être guérie au moyen d'un léger purgatif.

Mais le meilleur de tous les préservatifs consiste à presser fortement entre ses doigts l'anus du chien, de manière à crever deux fistules qui s'y trouvent; on en fait jaillir du pus, et le chien est préservé d'une forte maladie.

On prend l'anus aussi bas que possible et on le presse en tirant.

Cette opération se fait de suite ou quelque temps après la naissance du chien, et on la renouvelle tous les mois jusqu'à l'âge d'un an.

Avec ces précautions si simples j'ai garanti tous mes chiens de la maladie, c'est-à-dire qu'ils l'ont eue si légèrement que je n'en ai jamais perdu aucun.

Elle est cependant mortelle si l'on vient à la négliger.

Il y a des personnes qui font rougir au feu un clou dont ils leur percent la membrane qui sépare l'os de la pointe du jarret. Elles opèrent sur les deux jambes de derrière, et la matière qui en découle leur épure le sang.

D'autres les purgent de temps en temps avec de la manne qu'on leur fait prendre avec du lait, à la dose de deux onces 1[2 pour les chiens de 4 à 5 mois. Pendant le traitement on les fait manger peu et l'on ajoute quelques pincées de magnésie dans leur soupe.

On emploie aussi le kermès et l'émétique pour dégager l'estomac qui est le siége principal de la maladie, et enfin on a recours aux setons piqués sur la nuque; dans ce cas et dans tous les cas graves on appelle un vétérinaire.

Comme cette affection est contagieuse, il est urgent de séparer les chiens malades de ceux qui se portent bien.

Gale des chiens.

On guérit la gale des chiens avec un onguent composé de suif et de trois parties de soufre contre une de mercure.

On les frotte tous les jours avec cet onguent. On ne les laisse pas sortir et on les tient sur une bonne litière fraîche jusqu'à ce qu'ils sont complètement guéris.

On peut aussi employer des bains préparés avec une partie de sulfure de potasse sur 32 parties d'eau.

Mal aux Pattes.

On le guérit avec de l'eau de sel; on les lui lave avec cette eau à plusieurs reprises.

Si le mal est grave, en emploie du vin chaud salé, et, après lui en avoir lavé les pattes, on y met une petite couche de suif.

Chancres aux Oreilles.

On emploie la cautérisation. — On les guérit aussi avec de l'ammoniaque très concentrée, ou mieux encore avec la liqueur de Villate; j'ai trouvé ce dernier remède très souverain.

Poison.

Quand un chien a pris du poison, on lui donne de l'émétique, suivant la force du chien, à la dose de 2 à 4 grains mis dans un demi-verre d'eau tiède.

Mais comme à la campagne on n'a pas toujours l'émétique sous la main, on lui fait rendre aussi le poison en lui donnant et lui faisant avaler par force une bonne poignée de sel, qui le fera vomir. On lui donne ensuite de l'huile ou de la graisse à lécher.

Je n'ai jamais employé que ce dernier moyen, qui m'a toujours parfaitement réussi.

Vipère.

Votre chien est-il mordu? Faites sur le champ brûler sur la plaie une bonne pincée de poudre.

Si l'enflure s'est déjà produite, ouvrez la plaie en quatre, faites-la saigner et versez-y de l'alcali ou ammoniaque liquide.

Faites, de plus, avaler au chien un demi-verre d'eau avec 7 à 8 gouttes d'alcali.

J'avais un chien qui menait les vipères comme les cailles jusqu'à ce qu'il était mordu au museau, ce qui ne lui manquait jamais. Il cessait aussitôt de chasser, et sa tête devenait énorme.

Je l'ai toujours guéri au moyen de l'alcali, comme je viens de le dire. Je ne partais jamais pour la chasse sans en être muni, et je vous conseille d'en faire autant.

Morsure de la Vipère.

TRAITEMENT PAR ABSORPTION.

Aussitôt qu'on est mordu, on prend un jeune coq ou poulet vivant, on lui ouvre le corps et on l'applique sur la plaie. On l'y laisse 10 à 12 heures. La chair de ce jeune coq absorbe le virus de la vipère, se gonfle, se putréfie, et la tuméfaction du membre piqué s'arrête aussitôt.

Voilà tout le traitement.

Si donc vous étiez mordu (cas excessivement rare), et que vous n'ayez pas de l'ammoniaque, liez fortement la partie malade pour empêcher la circulation du virus, et vite un coup de fusil sur la première volaille que vous trouverez.

Vous serez plus près d'une basse-cour que d'une pharmacie.

Appliquez le remède et partez aussitôt pour aller continuer le traitement chez vous.

Remède pour faire perdre le lait à une chienne.

Faites frire une poignée de persil haché et mettez-le dans une assiettée de lait tiède que vous donnerez à la chienne deux ou trois fois seulement.

On lui fait perdre aussi le lait en la purgeant trois ou quatre fois, le matin, avec une cuillerée de sel.

Chiens qui suivent le Gibier.

Il y a des chiens qui se mettent après les cailles quand elles partent, et qui les tiennent de si près qu'il est impossible de les tirer.

Pour les corriger de ce défaut qui est très grand. on emploie sans ménagement le fouet ou le collier de force.

Mais il est des chiens si ardents qu'ils oublient le lendemain la correction de la veille, et qui ne perdent pas cette mauvaise habitude.

Le meilleur moyen que l'on puisse employer dans ce cas, c'est de leur tirer un coup de fusil sur le gras des cuisses.

On charge un canon tout exprès pour cela. On ne met qu'une petite pincée de poudre et quelques grains de petit plomb.

Quand vous croirez nécessaire d'agir ainsi. commencez par fouetter ferme votre chien aux deux premières cailles qu'il suivra pour lui faire comprendre qu'il ne doit pas les suivre, et à la troisième tirez-lui sur la queue à vingt-cinq ou trente pas.

Mais gardez-vous bien de le plaindre quand il criera, ni d'avoir l'air de le gronder. Ne faites pas attention à lui, ne dites rien, ne le regardez pas, et tournez-lui le dos pour charger votre fusil. Puis repartez comme si de rien n'était.

Il reprendra la chasse.

Il se rebuterait si vous lui donniez à comprendre que c'est bien sur lui que vous avez voulu tirer; il faut qu'il croie que c'est par sa faute qu'il a été touché, car il raisonne, tout chien qu'il est, ne vous déplaise.

Cette première leçon lui servira pour le reste de la journée, et si à la prochaine chasse il manque de mémoire, vous renouvelez la correction en le pinçant un peu plus, et il est à croire qu'il n'en voudra pas une troisième.

Mais ne faites pas comme un écervelé parisien qui, ayant appris que je réduisais mes chiens à coups de fusil, tira sur le chien en travers, et l'étendit sur le carreau.

Il faut les tirer en queue lorsqu'ils vont en ligne droite.

Chien pour les Perdreaux.

Les bons chiens pour les perdreaux sont impayables, car ils sont rares.

Attachez-vous donc à les bien dresser de bonne heure quand ils sont jeunes. Il faut qu'ils les chassent et les mènent doucement, sans vivacité, comme ils mènent les cailles.

Si vous devez acheter un chien, choisissez-le bien dressé, pour les perdreaux surtout, et pour cela ne regrettez pas l'argent : ce serait une économie mal entendue, car avec un bon chien vous tuerez beaucoup de gibier sans vous fatiguer, tandis que vous irez vous éreinter pour rien avec un mauvais chien.

Rien de si fatiguant que de chasser dans les vignes avec un chien ardent pour les perdreaux. Après une course pénible à travers le dédale de tant de souches qui vous arrêtent à chaque instant, les perdreaux qui entendent le bruit de vos pas précipités partent de très loin et vous laissent le regret de n'avoir pu les tirer.

Avec un mauvais chien, la chasse est pénible et dégoûtante, tandis qu'elle est agréable et attrayante avec un bon chien.

Rien de lourd comme un carnier vide.

Rien de léger comme un carnier rebondi.

C'est le chien qui fait le chasseur,

Mais le chasseur doit aussi faire le chien.

Se placer à droite du chien.

J'ai dit qu'il faut se placer derrière le chien quand il arrête, afin d'avoir le gibier en queue parce qu'il est plus facile à tuer.

Mais toutes les fois qu'il y a des accidents de terrain qui empêchent le gibier de voler ou d'aller en avant, placez-vous à droite du chien pour que le gibier prenne la direction de gauche, parce qu'il est plus facile de tirer de droite à gauche que de gauche à droite.

Pour le lièvre surtout, placez-vous à droite; vous le ferez mieux rester en travers ou en écharpe que si vous le tiriez en queue.

De même pour les perdreaux. Suivez doucement le chien quand il les mène, et tout en vous tenant derrière, prenez plutôt la droite que la gauche pour les avoir en écharpe si vous ne pouvez pas les avoir en queue.

Chien habitué aux talons de son maître.

Pour habituer votre chien à la soumission la plus passive, tenez-le à vos talons, derrière vous, quand vous allez vous promener, quand vous partez pour la chasse et que vous en revenez.

Il suivra le mouvement de vos jambes, et il emboitera votre pas.

Il ne faut pas qu'il vous précède et qu'il folâtre; il doit se tenir à vos talons et ne partir qu'à votre commandement.

Si vous le négligez dans vos promenades, surtout lorsqu'il est jeune, il s'éloigne de vous, il bat la campagne, se met après les oiseaux, court après les alouettes et devient si bandit que vous avez ensuite de la peine à le réduire.

J'ai toujours habitué mes chiens à me suivre ainsi, et je n'en ai jamais eu que de très bons.

Ils n'ont jamais voulu chasser qu'avec moi.

LAPINS.

Le moyen d'avoir un bon chien d'arrêt pour le lièvre et de le rendre lançeur, c'est de l'exercer aux lapins quand il est jeune. Il s'habitue au poil, et quand il trouve en chasse la voie d'un lièvre, il s'y attache, ce que ne fera pas un chien d'arrêt qui ne chasse que la plume.

J'ai trouvé des chasseurs qui n'appréciaient pas les bons chiens pour le poil, prétendant qu'ils finissent par perdre l'arrêt ou par l'avoir peu solide.

Je conviens qu'ils deviennent un peu vifs à l'arrêt, mais il est aisé de les réduire, et rien n'empêche qu'un bon chien pour le lièvre ne soit un excellent chien pour les cailles et les perdreaux.

Fût-il même moins solide pour l'arrêt, le chasseur ne serait-il pas amplement dédommagé de la perte de quelques cailles par la prise de quelques lièvres?

Et que signifie, après tout, un chien d'arrêt qui ne chasse que la caille, comme j'en ai vu tant?

Dressez un Farou, vous tuerez autant de cailles qu'avec votre Médor.

Exercez donc votre chien d'arrêt à la chasse du lièvre et du lapin; vous jouirez beaucoup plus à la chasse et vous remplirez mieux et plus souvent votre carnier.

Du temps des raisins, vous trouverez, le matin et le soir, les lapins dans les vignes qui avoisinent les bois et les clapiers.

Vous les trouverez aussi dans les luzernes et dans les fossés couverts de ronces qui divisent les champs de maïs.

C'est dans ces vignes, dans ces luzernes, et principalement dans ces fossés que vous devez mener votre chien.

Les lapins poursuivis par le chien se réfugient dans ces fossés; le chien les y suit, les en déloge, et si vous êtes assez heureux pour les tuer, l'éducation de votre chien est faite quant à ce.

Mais il est difficile de tuer un lapin qui traverse une vigne ou un champ de maïs; exercez-vous donc à tirer à la première pointe.

Chiens courants.

On a tant écrit sur la chasse des chiens courants que je me bornerai à quelques observations utiles, à une surtout qui est la plus importante de toutes, et qu'on ne trouve nulle part, m'a-t-on dit, sur aucun livre de chasse.

Cette observation, la voici : elle fait aller vite en besogne, on ne perd pas le temps à faire des hourvaris inutiles, on est constamment ou l'on revient de suite sur la voie, ce qui fait que la chasse est plus brillante parce qu'on est toujours près du lièvre et qu'il est plus tôt forcé.

Hourvari.

On appelle chez nous hourvari, à tort ou à raison, le travail que l'on fait faire aux chiens, quand ils sont en défaut, pour leur faire reprendre la voie. Pour cela, on décrit un demi-cercle, soit en avant, soit en arrière de l'endroit où la meute a cessé de trouver.

Le moyen de vite forcer un lièvre, c'est de ne jamais le perdre, et si les chiens tombent en défaut, c'est de savoir les relever à l'instant.

Pour cela, il est essentiel de connaître les habitudes du lièvre afin de faire les hourvaris avec intelligence, car d'un hourvari bien ou mal fait dépendent souvent la perte ou la prise d'un lièvre. Il faut s'attacher d'abord à savoir ce que l'on suit. Est-ce une hase ou un bouquin? C'est ce qu'il est important de connaître, car ils ne courent pas toujours de la même manière.

D'une hase, il faut s'attendre à tout, car elle ruse

8

presque toujours. Le mâle est plus fier et file plus droit.

Si donc vous avez affaire à une femelle, il n'y a pas de principes constants; elle fait souvent des ruses au départ et les continue quelquefois pendant toute sa course : elle va, revient, se remet et se fait relancer plusieurs fois; puis elle s'en ira dans les chemins, près des maisons, dans les jardins, dans les basse-cours, au milieu des poules, du bétail, et se cachera sous du bois, sous des branches, dans les étables, partout.

Mais si c'est un mâle que vous courez, sachez qu'il va toujours en avant jusqu'à ce qu'il ait fait sa randonnée.

Portez donc toujours le hourvari en avant. *Les refoulés n'ont lieu qu'à la fin du lièvre.* S'il a reculé dans sa course, c'est qu'il a été dérangé par quelqu'un, par quelque chien de berger ou par quelque bruit, mais sa reculade ne sera pas longue, et vous le trouverez toujours en décrivant un demi-cercle en avant.

Un lièvre bien couru *revient toujours au lancé* en parcourant un rond ou circuit plus ou moins grand, et c'est dans ce rond, *toujours en avant,* qu'il faut le chercher, et *jamais en dehors du rond.*

Mais s'il était fier et confiant dans ses forces quand il est parti, il n'en est pas de même après sa randonnée, quand il a été délogé de nouveau de ses parages. Alors, la frayeur le saisit..... il perd la tête et ne sait plus que devenir. Sa légèreté ne peut plus le sauver..... Il veut essayer de la ruse..... et c'est ainsi que tantôt il refoule la voie, c'est-à-dire qu'il revient en arrière par le même chemin, et que, d'un bond, il se jette sur le côté et se blottit afin de laisser passer les chiens. Tantôt, n'ayant pas le temps de revenir sur ses pas, se trouvant trop vivement pressé par les chiens, il se jette sur le côté et se blottit encore pour les laisser passer, et aussitôt il s'échappe et revient en arrière en baissant les oreilles et se faisant aussi petit que possible.

Il renouvelle et multiplie ces ruses jusqu'à ce qu'il est pris ou perdu.

CONCLUSION.

La conclusion de mes observations est que jusqu'à ce qu'un lièvre a fait sa randonnée il faut toujours le chercher en avant, et qu'après sa randonnée, surtout *lorsqu'il est près d'être forcé*, il faut toujours le chercher en arrière.

Je parle ici des lièvres du pays, car on trouve quelquefois des lièvres de passage qui ne reviennent pas au lancé, qui ne font pas la randonnée et qui dépaysent les chiens et les chasseurs.

Si après avoir fait le hourvari en avant et en arrière en décrivant un cercle parfait, on n'a retrouvé nulle part la passée du lièvre, c'est une preuve qu'il est resté dans l'enceinte, et c'est là qu'il faut le chercher jusqu'à ce qu'on le trouve. Il faut aller, venir, rôder dans tous les sens, jusqu'à ce qu'on lui tombe dessus, car il est des fois qu'il se blottit et s'écrase tellement contre terre qu'il est très difficile de le voir, et s'il se croit bien placé il fera tellement ferme que les chiens et les chevaux lui passeront par dessus sans qu'il veuille partir.

Il faut dans ce cas finir par l'y laisser, à moins qu'un chien lui mette le nez dessus et le happe.

Déboulé.

Au déboulé d'un lièvre, c'est-à-dire quand il part, il est facile de connaître si c'est un mâle ou une femelle.

Le mâle part avec assez de fierté, sans déguiser sa taille et sans baisser les oreilles. Il traverse les champs et semble peu soucieux de se dérober aux regards du chasseur.

La hase, au contraire, se glisse, se dérobe, les oreilles collées sur le dos et se fait si petite qu'elle peut; elle cache, en partant, la moitié de sa taille.

On peut encore connaître le sexe d'un lièvre, sans le voir, à la manière seule dont il part.

Le mâle part assez franchement et pique droit sans hésitation.

La femelle, au contraire, se dérobe, elle suit les fourrés, les fossés, les haies, se cache tant qu'elle peut, et rarement elle pique droit. On peut donc, en voyant faire les chiens, reconnaître si c'est une hase ou un bouquin que l'on a devant soi.

Il est bon aussi de remarquer comment un lièvre a fait ses premières ruses, parce qu'il les fera presque toutes de la même manière et dans la même direction.

Postes.

Celui qui veut tuer un lièvre couru par les chiens doit apprendre à connaître les postes, c'est-à-dire les endroits où il est à présumer que le lièvre doit arriver.

Si les chiens courants quêtent dans un bois, les meilleurs postes sont à l'extrémité des principaux sentiers, et dans l'intérieur du bois, à l'endroit où deux sentiers se croisent.

Si donc on veut tuer un lièvre au départ, il faut occuper les postes, et quand un lièvre court, il faut se porter aux postes bien en avant des chiens, et autant que possible *sur les hauteurs.*

Dans les vignes les postes sont dans les angles, au milieu des vignes, au point d'intersection des sentiers ou passages, et extérieurement à la sortie des passages.

Dans la plaine et sur les coteaux les postes sont sur les sentiers et les chemins, surtout aux points où ils se croisent, parce qu'il peut y arriver de plusieurs côtés.

Le lièvre longe aussi les ruisseaux, les grandes haies, les landes, les taillis; placez-vous donc de manière à le voir et à l'attendre.

Mais les postes infaillibles sont ceux du quartier où il a été lancé, quand il fait sa randonnée· Ecoutez donc bien la chasse pour savoir de quel côté vient le lièvre, et placez-vous, vous ne tarderez pas à le voir arriver.

Tenez-vous caché, ne faites pas le moindre bruit et ne bougez pas.

Laissez-le bien approcher et tirez-le à 15 pas, de manière à le faire rester sur place.

Si vous tiriez trop loin et que vous ne fissiez que le blesser, le lièvre ne serait pas pour vous, mais bien pour les chiens qui l'auraient bientôt dévoré.

Pour le tirer au poste, c'est-à-dire en face, il faut se baisser et le tirer sur les pattes.

Un débutant qui n'a jamais tiré sur le lièvre et qui le voit pour la première fois arriver au poste où il l'attend est singulièrement ému par la présence de ce petit animal.

Si vous le voyez arriver de loin, ne vous pressez pas d'épauler et de le viser, parce qu'en le tenant au bout du canon vous ne sauriez pas calculer la distance, — vous pourriez tirer trop près ou trop loin.

Bornez-vous à tenir votre fusil en droite ligne du gibier, et n'épaulez et ne visez que lorsque vous l'aurez à 25 pas pour le tirer à 15.

Si le lièvre ne vient pas trop vite et que malgré cela vous craigniez de le manquer, vous n'avez qu'à faire *bist* en épaulant votre fusil, quand vous l'aurez à 15 pas. Le lièvre s'arrête court pour écouter et s'assied sur ses pattes de derrière, mais il a bientôt fait; tirez donc aussitôt.

Si quand vous êtes au poste vous voyez le lièvre qui vient à vous s'arrêter à 30 ou 40 pas, n'hésitez pas à le tirer parce qu'il ne s'arrête que pour reculer ou pour changer de direction en faisant un crochet à droite ou à gauche.

Tirez-lui donc à tout hasard, ne serait-ce que pour le blesser, parce que les chiens le courront beaucoup mieux; mais dans ce cas suivez les chiens de près, si vous tenez à le conserver.

Le lièvre, par la conformation de sa tête, ne voit que par côté; il ne voit pas devant lui. Attendez-le donc froidement au poste. — Il vous passerait entre les jambes.

Il en est de même du lapin.

Vent.

A la chasse des chiens courants, le lièvre se fait toujours battre à l'opposé du vent.

Ainsi, par exemple, si c'est le vent d'ouest qui souffle avec quelque violence, le lièvre prendra la direction de l'est et se fera battre dans ces quartiers jusqu'à ce qu'il fasse sa randonnée; — tenez-vous donc à l'est.

Si, au contraire, c'est le vent d'est qui souffle, portez-vous à l'ouest et occupez les postes, car c'est dans ces parages qu'il ira se faire tuer.

Les lapins ne suivent pas les postes comme les lièvres, ce serait donc peine perdue que de les y attendre. Il est très rare qu'ils sortent des bois pour gagner la plaine, et s'ils le font, ils y reviennent bien vite.

Ils ne suivent pas même les sentiers dans les forêts; ils ne font que rôder près de l'endroit où ils ont été lancés, et demeurent constamment sous bois, c'est-à-dire dans les endroits couverts, abrités.

Tenez-vous donc pour tuer un lapin, non pas sur les sentiers qu'ils ne feront que traverser comme un éclair, mais près des trous, près des haies, de ces petites coulées qu'il a tracées lui-même au milieu des herbes et qu'il ne manquera pas de suivre.

Cachez-vous contre un arbre, il pourra venir s'asseoir à quelques pas de vous, car il s'arrête souvent pour écouter les chiens. Il se frotte les oreilles et le museau avec les pattes de devant, puis il frappe la terre avec ses pattes de derrière et disparaît au milieu d'un buisson.

Cette chasse ne convient pas aux véritables amateurs, à ceux qui ont le feu sacré, mais quand on se retire sans avoir pu lancer un lièvre, on s'estime quelquefois heureux de pouvoir s'amuser aux lapins.

Manière d'élever et de former les jeunes chiens courants.

Ce n'est pas en les faisant chasser indistinctement dans les fourrés ou dans les guérets et en les menant indistinctement au lièvre ou au lapin que l'on peut former les jeunes chiens.

Il y a des principes pour tout, et ceux que l'on doit suivre pour bien dresser un chien courant ne sont pas à dédaigner, car tel chien qui ne vaut rien serait devenu très bon s'il eût été soigné, et tel autre qui ne chassera bien que lorsqu'il sera vieux pourrait être parfait à l'âge de deux ans.

Il y a des chasseurs qui sont impatients de voir leurs jeunes chiens *se décider* et qui pour cela vont les mener aux lapins dans les bois, dans les fourrés.

C'est une faute—ces chiens deviendront lanceurs, mais ils ne sauront pas courir un lièvre.

Si vous les habituez à chasser dans les fourrés où le lièvre a touché partout et où les chiens le sentent à plein nez, ils ne chasseront que mollement et sans goût quand vous les conduirez dans une plaine aride.

De même, si vous les faites débuter avec une meute et qu'ils ne chassent qu'avec elle, il leur faudra beaucoup de temps pour devenir lanceurs, et cela se comprend : les vieux chiens faisant tout le travail et le menant rapidement, les jeunes se laissent entraîner et ne goûtent pas assez de la voie.

Il vaut donc mieux les faire chasser seuls ou ne mettre avec eux qu'un vieux chien bien réglé.

Il faut aussi commencer par les faire chasser assez longtemps dans les terrains nus, secs, arides, dans les guérets, où la terre fournit peu, et les mener insensiblement vers la retraite du lièvre pour tacher de le leur faire lancer, et si au départ du lièvre vous pouviez le blesser assez pour qu'ils le prennent après l'avoir couru quelque temps, ce serait la meilleure des leçons.

Il faut, au début, savoir faire le sacrifice de quelques lièvres, ne pas les tuer au départ pour les leur laisser courir, mais les blesser toujours si on le peut.

S'ils prennent un lièvre blessé, et qu'ils le mangent, tant mieux, ils n'en seront que plus enragés... Ils chassent pour eux.

Si cependant vous êtes à portée, et que vous puissiez le leur faire laisser, prenez le lièvre et ne manquez pas de le leur partager, il n'y a rien comme de leur faire manger quelques lièvres pour leur donner du cœur et des jambes. et pour les rendre tenaces.

En les habituant à se laisser prendre le lièvre qu'on leur donne ensuite à dévorer, ils finissent par ne plus les dévorer d'eux-mêmes et par attendre le chasseur qui leur fait la curée.

J'ai vu plusieurs chiens se coucher sur le lièvre, le lécher, le défendre contre les autres chiens et s'opposer à ce qu'ils s'en approchent.

C'est le moyen de conserver quelques lièvres quand on en a besoin.

Dans les bois, dans les taillis, le lièvre touchant partout avec son poil y laisse beaucoup de sentiment, c'est-à-dire tant d'odeur que les chiens flairent la branche et ne mettent pas le nez à terre.

Aussi quand ils arrivent en plaine se trouvent-ils embarrassés, comme je l'ai déjà dit.

Commencez donc par mener un jeune chien qui n'a pas encore *déclaré* dans les *pâtures,* dans les champs de trèfle ou de luzerne où le lièvre aura *fait sa nuit.* La quête y sera chaude, brûlante; le chien y agitera sa queue, se battra les flancs, commencera par japper timidement et finira par déployer sa gorge. Une fois *parti,* il ne s'arrêtera plus dans les pâtures que pour y bien goûter de la voie, puis il suivra toutes les passées du lièvre et le cherchera partout. C'est alors que vous devez profiter de votre expérience pour le pousser doucement vers la retraite du lièvre et le conduire au gîte.

Quand il aura lancé quatre ou cinq lièvres, vous pourrez *l'ameuter*, il fera sa partie comme les autres.

En résumé, un chien habitué à ne quêter que dans les bois, dans les fourrés, ne vaudra rien pour la plaine, tandis qu'un chien habitué aux difficultés de la plaine, bien collé sur la voie, et mordant bien sur les chemins, sera parfait dans les bois. La chasse pour lui n'y sera plus qu'un amusement.

RENARD.

Le renard est le voisin le plus incommode que l'on puisse avoir à la campagne; il est la terreur et le fléau de la basse-cour.

Après avoir détruit et dévoré tout ce qui se trouve aux alentours de ses terriers, il s'éloigne des bois pendant la nuit et se rapproche des habitations. Il s'introduit dans les jardins, dans les basse-cours, pour guetter les volailles, et malheur aux poules, aux canards, aux oies et aux dindons qu'il aperçoit.

Le jour, il se contente d'une seule pièce qu'il surprend et qu'il emporte, mais la nuit il est impitoyable... Il tue et déchire toutes les volailles qu'il rencontre.

Aussi la prise ou la mort d'un renard provoque-t-elle la joie dans toutes les fermes.

Il n'est pas non plus de braconnier plus terrible pour la destruction de toute espèce de gibier.

Il chasse et surprend les cailles, les perdrix, mange les œufs, les couvées, détruit les lapereaux et les lièvres.

N'espérez pas de trouver des lièvres dans les bois ni près des bois habités par les renards. Il y en aura peu, pas un levraut ne leur échappe, et les vieux lièvres, ils les chassent mieux que les plus habiles chasseurs.

Un ou plusieurs renards se placent et les autres vont leur rabattre le gibier. C'est très curieux de les entendre pendant la nuit glapir après le lièvre qu'ils mènent aux embuscades et qui se trouve saisi au passage.

Forcer le renard.

La chasse au renard est fort agréable en ce sens que les chiens ne le perdent jamais et vont toujours de volée.

Si l'on veut se donner le plaisir de le faire courir sans chercher à le tuer, il faut commencer par boucher tous les terriers des environs, et si l'on veut le forcer, il faut avoir des relais qui se remplacent, car le renard est très fort et peut tenir tête à une meute de grands chiens pendant toute une journée.

Les petits briquets valent beaucoup mieux pour cette chasse que les beaux chiens d'équipage, parce qu'ils entrent plus facilement dans les fourrés. Aussi forcent-ils le renard beaucoup plus vite.

Il est rare que l'on perde la chasse du renard. Il se fait battre dans les fourrés, va et revient successivement à tous les trous que l'on a bouchés, et s'il prend quelquefois la plaine, lorsqu'il se sent trop vivement pressé, il ne fera que la traverser pour chercher dans sa course d'autres lieux plus couverts et gagner les rochers, les bas-fonds, les précipices, les endroits inaccessibles.

Aussi le veneur doit-il s'attacher à l'empêcher de se rendre où l'on ne pourrait pas le suivre.

Pour cela, on lui barre le passage au moyen d'une corde tendue et garnie de grandes plumes, de morceaux de papier ou de chiffons de toutes couleurs; ou bien encore l'on se sert de jalons placés de distance en distance et principalement aux endroits de passage, et on le force à rabattre le pays qu'il a déjà parcouru.

Il revient au lancé, il visite de nouveau ses

terriers dans l'espoir d'y trouver un refuge, mais il est saisi d'une telle frayeur en les trouvant encore bouchés qu'il jette des fumées partout, comme s'il voulait dégoûter les chiens de sa poursuite par une odeur aussi puante.

Enfin, ne sachant plus que devenir, et las de sa course pénible et forcée, il se réfugie dans un ravin ou sous le tronc creusé d'un arbre et s'y défend le plus vaillamment que possible contre les chiens qui l'accablent.

Tuer le renard.

Il est très facile de tuer le renard quand on a pris la précaution de boucher les terriers.

Il est également facile de le tuer sans avoir pris cette précaution, parce qu'il se fait battre longtemps avant de chercher à se terrer.

Les postes pour le renard sont tout l'opposé de ceux du lièvre. Ne vous tenez donc pas en dehors du bois ni sur les principaux sentiers, le renard se fera toujours battre dans les fourrés qu'il ne quittera que lorsqu'il sera trop vivement pressé.

Cachez-vous donc à l'endroit où les chiens auront commencé de le trouver, il y reviendra, vous le verrez aussi à l'endroit où il a été lancé, ainsi qu'aux approches des terriers. — Ce sont les trois premiers postes que vous devrez occuper.

Le renard suivra les endroits les plus déserts, les moins battus, les vieux sentiers, les plus couverts de hautes herbes qui peuvent l'empêcher d'être vu, et il ne s'aventurera sur les sentiers découverts que lorsque le fourré sera mouillé. Dans ce cas, il ne suit pas autant le fourré, et l'on peut le tuer sur quelque sentier, mais il faut être prompt et se tenir bien caché contre un arbre ou contre un buisson.

Il faut aussi se tenir à l'opposé du vent, car le renard flaire le chasseur et il a l'odorat fin.

Au lieu de tenir votre fusil sur le bras, comme à la chasse du lièvre, vous devez constamment le tenir en joue, être prêt à faire feu, car le renard disparaît vite; un rien, le moindre mouvement, le plus léger bruit le fait dévier.

Si le renard, après avoir été débusqué, va faire un tour dans la plaine, attendez-vous à le voir rentrer dans le bois par l'endroit où il est sorti. Allez donc l'attendre à son retour et vous bien cacher dans un fourré, vous ne tarderez pas à le voir revenir, mais n'oubliez pas de vous placer à bon vent pour qu'il ne vous sente pas.

Si vous ne le faites pas rester sur le coup, portez-vous de suite sur ses passées précédentes, car il ne manquera pas de refouler ses voies.

Pour mieux réussir à tuer le renard, il faut le chasser avec des petits bassets à jambes torses, parce qu'il s'amuse devant ces chiens, ne quitte pas son quartier, tourne dans tous les sens et ne tarde pas à passer près de vous.

Mais il faut être prompt, subtil; exercez-vous donc à la cible volante et à tirer à la première pointe.

Battues.

On fait aussi des battues pour le renard, et la meilleure époque est celle du *rut*, au mois de mars, parce que les mâles suivent les femelles et qu'on en débuche plusieurs à la fois.

A cette époque la chasse et les battues sont très meurtrières.

Destruction des Renards.

La chasse du renard est fort agréable, je le répète, et bien des personnes, notamment les Anglais, la préfèrent à celle du lièvre; mais comme tout le monde n'est pas chasseur et qu'il y a des milliers de propriétaires victimes des renards et qui aimeraient mieux les tuer tous dans un jour, plutôt que de s'amuser à les courir toute l'année, je crois devoir indiquer à chacun les moyens de satisfaire ses goûts et ses désirs.

Il est des personnes qui leur tendent des piéges et leur posent des traquenards.

D'autres, les enfument dans les terriers, mais ces moyens sont insuffisants.

En voici un beaucoup plus simple et plus expéditif, — c'est un moyen infaillible pour les détruire.

On sait que les renards n'aiment rien tant que les prunes. Portez-leur-en donc un jour aux abords de tous les terriers, et deux jours après, portez-leur-en encore, mais cette fois-ci préparées avec de la noix vomique — vous n'en laisserez pas un.

Servez-vous de prunes d'Agen, et mettez la noix vomique dans les prunes.

Quand vous irez les placer, graissez la semelle de vos souliers avec de la graisse d'oie. Les renards, attirés par cette odeur, suivront tous les pas que vous aurez faits.

LOUP.

Les loups sont devenus très rares dans notre pays, et dès qu'on en signale quelques-uns dans la contrée, on fait des battues générales pour les exterminer.

Ces battues sont des parties de plaisir, de véritables fêtes pour tous les villages environnants. Des centaines de traqueurs arrivent de tous côtés, armés de fourches, de poêles, de chaudrons, et font un vacarme infernal pour débucher les loups, tandis que de nombreux tireurs sont échelonnés dans l'intérieur et sur la lisière des bois dont ils font l'enceinte. Ils se tiennent assez rapprochés les uns des autres pour que les loups ne puissent pas sortir sans être atteints de plusieurs balles ou chevrotines.

Ce sont des scènes animées et pleines d'émotions.

Mais c'est une chasse qui n'est pas sans danger, parce qu'il y a beaucoup d'imprudents, plus de mauvais tireurs que de bons, et qu'ils veulent tous se placer où bon leur semble.

L'important pour eux serait de bien s'entendre et de se poster de manière que tout en restant cachés, ils ne courussent pas le risque de se blesser.

Dans les chasses bien organisées, il est défendu de tirer sous bois, on ne tire qu'en dehors de l'enceinte et sur le loup seulement, méprisant toute autre espèce de gibier.

Le loup est si fort, si vigoureusement organisé, que les meilleures meutes ne peuvent pas le forcer: il va très vite et peut tenir toute la journée. Aussi les louvetiers ont-ils le soin de s'adjoindre tous les bons chasseurs de la contrée, parce qu'ils savent bien qu'une fois sorti de la forêt, le loup disparaît ainsi que les chiens; et c'est alors qu'il taille de la besogne aux piqueurs.

Il faut donc le tuer au débuché.

Si c'est un mâle qui échappe, il ne revient pas de quelque temps. Si c'est une louve qui a été forcée d'abandonner ses petits, l'instinct maternel la ramène près d'eux, et si l'on cherche à les lui ravir, elle devient si furieuse qu'elle se jette sur les agresseurs.

On a imaginé une foule de moyens pour détruire les loups : le fusil d'affût, la fosse, les trappes, les lassières, les traquenards, etc., etc.

Il y a un moyen plus sûr et plus simple, c'est l'emploi d'un appât préparé avec de l'arsenic ou de la noix vomique, mais il y a des précautions à prendre pour qu'il n'arrive aucun accident.

Un garde forestier, par exemple, pourrait prendre le poison chez un pharmacien, sur sa déclaration signée énonçant l'usage qu'il veut en faire.

Il placerait les appâts dans des endroits marqués, le soir à l'entrée de la nuit, en ayant le soin d'aller les enlever le lendemain matin de très bonne heure.

On dit que le loup a l'odorat si fin qu'il reconnaît les traces de l'homme jusque dans les moindres objets qu'il a touchés, et qu'il est si défiant malgré sa voracité qu'il faut s'entourer de beaucoup de précautions pour dérouter la sagacité de son instinct.

Ainsi, par exemple, on prétend qu'il ne faut pas toucher les appâts avec les mains nues, qu'il faut avoir des gants neufs, des sabots neufs tout en bois et saupoudrer les appâts de poudre de camphre pour neutraliser l'odeur que répand et que laisse en passant le corps de l'homme.

Mais pour que l'empoisonnement soit efficace, il faut avoir le soin de placer la viande empoisonnée près d'une source, d'un ruisseau ou d'une mare, afin que les loups aillent s'y désaltérer aux premiers picotements du poison sur les membranes de l'estomac, car sans cela le loup et le renard ont la faculté de dégorger les aliments empoisonnés, et ils en sont quittes pour quelques nausées.

Mais quand ils ont bu, l'eau dissout plus vite le poison qui pénètre ainsi dans les intestins et rarement ils échappent à la mort.

OURS et ISARD.

Je n'ai rien de particulier à dire sur ces deux chasses.

Les étrangers qui visitent les Pyrénées et qui désirent faire connaissance avec ces hôtes de nos montagnes, trouvent des guides sûrs et expérimentés à Bagnères et dans toutes les eaux thermales.

Bagnères-de-Bigorre offre encore aux chasseurs étrangers qui vont y prendre les eaux en amateurs un magnifique pays de chasse pour les cailles et les râles, pour le lièvre, les bécasses, bécassines. De Bagnères on se rend à Cieutat les jours de passage, et si nombreux que soient les chasseurs,

chacun tire ses 20 à 30 coups de fusil.—On trouve
des cailles partout.

Chasses amusantes et utiles aux Cultivateurs.

CORBEAUX.

Je déclare que je n'ai jamais fait la chasse aux
corbeaux de cette manière, mais on la dit si amusante et si fructueuse que je crois devoir dire ici
comment on la fait pour tous ceux qui voudront
l'essayer.

Coupez de la viande crue en morceaux de la gros-
seur d'une noix, et mettez-les dans des cornets de
papier solidement faits, c'est-à-dire collés ou cousus,
et enduisez le papier de glue à l'entrée de chaque
cornet.

Cela fait, allez placer vos cornets dans des champs
où les corbeaux ont l'habitude d'aller par volées,
et tenez-vous à distance.

A peine arrivés, les corbeaux, attirés par l'odeur
de la viande dont ils sont très friands, enfoncent
leurs becs dans les cornets, afin d'en retirer le morceau qui est au fond, mais leur tête se colle à la

glue et ce doit être fort amusant que de voir une foule de corbeaux ainsi coiffés de cornets.

Se trouvant aveuglés, la peur les saisit et ils prennent leur vol. Mais ne sachant où aller, ils s'élèvent dans les airs à perte de vue, et quand les forces leur manquent, ils tombent perpendiculairement à l'endroit d'où ils sont partis, et comme ils ne sont pas tous d'égale force, on les voit tomber les uns après les autres.

Il est des jours où l'on en prend étonnamment; on le dit, mais je ne le garantis pas.

OBSERVATIONS.

Je ne parle de cette chasse et de celle qui va suivre que pour ceux qui la feront dans des pays étrangers où la chasse et libre;

Pour les chasseurs de tous les départements de la France où cette chasse est permise;

Et enfin pour tous les chasseurs du département de la Seine-Inférieure à qui l'article 2 de la loi du 3 mai 1844 est applicable, c'est-à-dire pour ceux dont la propriété est attenante à une maison d'habitation et entourée d'une clôture continue faisant obstacle à toute communication avec les héritages voisins.

Quant aux autres chasseurs du département de la Seine-Inférieure, l'article 7 de l'arrêté qui fut pris par M. le préfet de ce département en 1844 et qui, je pense, est encore en vigueur, leur interdit d'une manière formelle la chasse des corbeaux et des corneilles comme étant utiles dans les campagnes pour la destruction des hannetons et de leurs larves.

Ce qu'il y a de plaisant, c'est de voir que pendant que M. le préfet de la Seine prohibait cette chasse, le maire d'une commune des Hautes-Pyrénées mettait à prix les têtes de ces oiseaux très nuisibles d'après lui, et accordait une prime à tous ceux qui en étaient porteurs.

Dans ce conflit de deux opinions diamétralement opposées, de quel côté faudrait-il se ranger?

Qui avait raison, M. le préfet de la Seine-Inférieure ou le maire de ce village?

Je crois qu'ils en avaient tous les deux.

Et, en effet, dans le Nord, au pays qu'habitent les corbeaux et les corneilles, pendant le printemps et pendant tout l'été, ces oiseaux détruisent une immense quantité d'insectes nuisibles et notamment les vers blancs ou larves des hannetons qui sont mis à nu par le soc de la charrue toutes les fois qu'on laboure la terre.

Ils suivent les laboureurs comme les pies le font chez nous, et dès lors on conçoit tous les services qu'ils peuvent rendre à l'agriculture.

Mais dans le midi de la France, où ces oiseaux ne sont que de passage, ce sont de vrais pillards qui causent des dégâts considérables aux maïs et aux blés tardifs.

Ils ne viennent chez nous qu'à la fin de l'automne et n'y séjournent que l'hiver pendant ce temps rigoureux où les insectes se cachent et où les larves des hannetons sont dans la terre à une profondeur de dix à quinze centimètres.

Les services qu'ils nous rendent sont donc problématiques et très douteux, tandis que le mal qu'ils nous font n'est que trop certain.

C'est ainsi que devait raisonner M. le maire.

Les corneilles commencent bien d'arriver chez nous à l'époque des semences où elles pourraient faire du bien si elles étaient plus familières et si elles suivaient les laboureurs comme en Angleterre, mais elles sont, au contraire, si défiantes et si sauvages qu'elles ne s'abattent dans les champs ensemencés que lorsque la besogne est déjà faite, lorsque les insectes ont été la proie d'une nuée de bergeronnettes et autres petits oiseaux que la nature semble avoir créés tout exprès pour les détruire.

A ce compte-là, ce sont les pies que nous devrions respecter chez nous, car elles suivent pas à pas le laboureur, afin de ne pas perdre une de ces larves dont elles sont très friandes, mais comme c'est un vol qu'elles font aux petits oiseaux qui s'acquittent si bien de cette besogne, et qu'elles nous causent de grands dégâts dont je parlerai plus tard, nous pouvons leur faire la chasse et les vouer à l'extermination.

Protégeons donc les petits oiseaux, ce petit volatile intéressant, et courons sus aux gros maraudeurs, dans la limite de nos droits, car il ne faut jamais oublier que le premier devoir de tout citoyen c'est d'obéir et de se conformer aux lois de l'Etat.

CORNEILLES.

Dans le Nord, avant que cette chasse fût défendue, on faisait usage de filets dit *rets à corneilles*, et l'on en prenait considérablement en temps de neige.

On les prend comme les corbeaux avec des cornets englués, et c'est par les temps de neige qu'on fait cette chasse.

Il est des arbres qu'elles préfèrent et où elles se rendent tous les soirs pour y passer la nuit. Ces arbres sont quelquefois assez près des maisons.

Si vers 9 heures du soir on se rend très doucement sous ces arbres, on peut en tuer plusieurs en tirant le coup double.

Il vaut encore mieux les aller attendre, le soir, près de ces arbres, à l'heure où elles se réunissent en très grand nombre pour se coucher.

Il faut bien se cacher, car elles sont défiantes et rôdent longtemps avant de se reposer.

On fait une hutte avec des branches, et l'on tire avec du gros plomb.

Mais la chasse la plus originale, la plus curieuse est celle qu'on leur fait au moyen d'un renard empaillé que l'on place au milieu d'un champ et près duquel on a fait une hutte dans laquelle on se tient caché.

Les corneilles ont la vue si perçante que si haut qu'elles volent, elles aperçoivent le renard, et se précipitent vers lui comme la foudre.

Les unes s'abattent près de lui, se posent à terre comme pour le narguer, tandis que les autres, furieuses, semblent le provoquer en l'effleurant d'un coup d'aile rapide.

Les corneilles sont très bonnes si elles sont bien préparées. On les fait cuire avec des pommes de terre dans un pot hermétiquement fermé.

Il faut leur enlever la peau, les écorcher comme un lapin.

On écorche aussi les corbeaux, les geais, les pies, les étourneaux, et on les fait cuire de la même manière.

Il m'a été assuré par un gastronome de premier ordre que les geais sont très bons en salmis, et que les jeunes pies fricassées à la poêle sont aussi bonnes que les poulets.

Voilà donc un gibier trop peu apprécié jusqu'à ce jour, et qui peut servir d'alimentation aux gens de la campagne.

GEAIS.

Ces oiseaux, qui causent les plus grands dégâts dans les maïs qui avoisinent les bois et les petites rivières, sont tellement fins qu'il est très difficile de s'en approcher pour les tirer.

Ils mangent aussi les cerises et ne laissent pas de pois dans les jardins.

Voici un moyen fort amusant pour prendre les geais.

Ayez un geai privé et portez-le dans une cage couverte à un endroit favorable à cette chasse, dans un bois ou petit bosquet.

Vous prenez votre geai et vous le renversez contre terre sur le dos. Avec deux petites fourches en bois, vous le contenez à terre en engageant ses deux ailes sous ces fourches que vous plantez si avant dans le terre que, malgré tous ses efforts, il ne puisse pas se mettre en liberté.

Cela fait, mettez-vous à l'écart, en vous cachant bien, de manière à voir tout ce qui se passera.

Aux cris que poussera le geai en se débattant, tous ceux qui seront à une demi-lieue à la ronde s'empresseront d'accourir. Ils voleront d'arbre en arbre jusqu'au lieu où ils verront leur camarade si mal à son aise. Ils voleront à terre, sauteront autour de lui et s'en approcheront sans défiance.

Le captif qui aura la tête et les pattes libres, saisira celui d'entr'eux qui passera trop près de lui et ne le lâchera pas. Les cris que jettera le nouveau prisonnier vous avertiront que votre geai tient sa proie, ou plutôt la vôtre, car vous allez aussitôt vous en emparer.

Tous les autres s'envoleront mais ils n'iront pas loin et ils ne tarderont pas de revenir. Votre geai en saisira un deuxième, puis un troisième, jusqu'à ce qu'il n'en reste pas.

Chasse merveilleuse, il est vrai, si tout cela se passait ainsi, mais je doute de l'agilité du patient et de l'imprudence des geais libres.

C'est assez vous dire que je n'ai pas fait cette chasse, mais il est certain que tous les geais des alentours s'approcheront et se laisseront tirer plusieurs coups de fusil. Je préfère les tuer ainsi que d'avoir recours aux pattes convulsives de notre geai captif.

Quand je dis que tous les geais accourront, je le sais positivement, car si je n'ai pas fait cette chasse avec un vieux geai en cage, je l'ai faite en les appelant, et avec un jeune geai sorti du nid.

Prenez votre fusil, me dit un jour un de mes amis qui était venu me voir. Nous allons tuer des geais, — vous allez bien vous amuser.

Nous allons en effet au premier bosquet voisin. Il prend une feuille de houx, et y fait un petit trou en forme de triangle vers le milieu de la feuille, mais un peu plus bas que le milieu, aux 3[4 à peu près.

Puis prenant cette feuille d'une main, et posant son index au milieu jusqu'au petit trou, il la ploie entre le pouce et ses autres doigts.

Il la porte à ses lèvres, souffle dessus et contre-fait si bien le geai, qu'aussitôt j'en entendis de tous côtés lui répondre, et nous fûmes bientôt envi-ronnés d'une foule de geais qui venaient se reposer sur les arbres près desquels nous étions cachés.

Dans moins d'une heure, sans changer de place, Je tuai 4 geais, un merle et 2 pies.

A chaque coup de fusil tout s'envolait, mais dix minutes après tout revenait.

Ce fut une chasse qui me plut excessivement et que je fais toujours avec un nouveau plaisir.

Une autre bonne manière pour les tuer à coups de fusil, c'est d'avoir un geai que l'on a sorti du nid depuis 7 à huit jours, et que l'on porte dans un endroit favorable où l'on se cache bien.

Quand vous serez bien placé, vous donnerez à manger à votre geai, ou mieux encore vous ne ferez que semblant. Aussitôt il agitera ses ailes et poussera des cris qui feront accourir tous les geais des alentours.

Vous n'aurez même pas besoin de bouger, il ap-pellera quand il aura faim.

Vous n'avez donc qu'à vous bien placer et à vous tenir prêt à tirer.

Cette méthode est la plus simple pour ceux qui ne savent pas les appeler, parce qu'il est très facile de se procurer de petits geais dans la saison des nids.

C'est une chasse très utile et fort amusante.

PIES.

LEUR DESTRUCTION COMPLÈTE.

La pie est un oiseau si nuisible que je regarderais comme un bonheur pour tous les propriétaires que l'on n'en vît plus une seule.

Il est impossible de se figurer les dégâts qu'elles causent, car indépendamment de l'énorme quantité de maïs qu'elles mangent dans les champs lorsqu'il est mûr, elles en font perdre une quantité prodigieuse quand on vient de le semer et quand il naît. — Elles en arrachent considérablement pour avoir le grain de chaque tige, et leurs dégâts ne se bornent pas là.

Elles font le désespoir des ménagères dans les fermes, — elles leur volent les poussins, les canards, les petits oisons, les petits dindons, car elles sont voraces et carnivores, surtout à l'époque des couvées, quand elles ont les petits.

Il m'a été affirmé qu'une fermière a perdu cette année plus de 150 poussins qui lui ont été volés par les pies.

N'est-ce pas incroyable?

On ne saurait donc trop leur faire la chasse, il faudrait les exterminer.

Le moyen de les détruire, c'est de les tuer au printemps, à l'époque des nids, quand elles portent la becquée à leurs petits.

On tue le père et la mère et on enlève la nichée.

Mais le moyen de les détruire complètement et en peu de temps ce serait d'accorder une prime à tout porteur d'une pie. Cette prime serait payée par les percepteurs sur des bons délivrés par les maires qui n'auraient qu'à couper la tête des pies pour qu'on ne pût pas les représenter.

Ce que l'on donne pour cela dans certaines localités est insignifiant et ne produit aucun résultat.

Si l'on accordait 30 centimes par pie, les braconniers qui chassent pour vendre le gibier s'attacheraient à tuer les pies comme tout autre gibier, et l'on ne tarderait pas à les voir disparaître.

Les laboureurs eux-mêmes que les pies ne manquent pas d'entourer à chaque sillon qu'ils tracent les tueraient à coups de fusil ou les détruiraient encore mieux avec de la noix vomique.

Pour bien réussir il ne faut tracer qu'un ou deux sillons au milieu de chaque pièce, et placer de distance en distance dans ces sillons ouverts des boulettes de farine de maïs préparées avec de la noix vomique.

On réussit à merveille dans tous le temps, mais principalement quand il y a de la neige.

Un autre moyen infaillible, c'est d'aller porter le soir, quand les pies sont couchées, ou bien le matin avant qu'elles ne soient levées, quelques poignées de plume dans des endroits apparents, près des bosquets où elles passent les nuits.

Elles ont l'habitude de se réunir tous les soirs.

On place cette plume comme si une poule venait d'être mangée par le renard ou par l'épervier.

La première pie qui aperçoit cette plume jette des cris et donne l'éveil à toutes les autres qui arrivent en criant aussi, et finissent par aller voir s'il n'y aurait pas quelques restes pour elles.

En mettant des boulettes de noix vomique près de cette plume, on est assuré de les empoisonner toutes.

On peut faire de même dans les champs de maïs où se rendent les pies, quand on vient de le semer et quand il commence de naître. On peut encore leur mettre les boulettes dans les nids, au printemps.

Ce sont des moyens très simples et que pas un propriétaire ne devrait négliger.

Noix vomique.

Je dois faire observer que l'emploi de la noix vomique peut être fort dangereux, si l'on n'est pas prudent.

Ainsi, par exemple, il faut avoir le soin de remarquer tous les endroits où l'on a mis les boulettes; il faut y veiller, et ne pas négliger, quand on se retire, d'enlever toutes celles qui n'ont pas été mangées.

Sans cette précaution la volaille, les chiens et les porcs pourraient s'empoisonner.

L'emploi de la noix vomique est, sans contredit, le moyen le plus simple et le plus sûr, mais il faut qu'elle soit fraîche.

Si elle a été mise en poudre depuis longtemps, elle aura perdu sa force et ne les tuera pas.

C'est ce qui m'est arrivé le premier de ce mois. Je faisais ouvrir la terre pour y semer du maïs au printemps. Une vingtaine de pies suivant le bouvier toute la journée, je préparai des boulettes avec de la noix vomique en poudre que je pris chez un pharmacien et qui me servit à les bien faire déjeuner.

Je pensais qu'elles mourraient toutes et que je n'en verrais plus le lendemain, lorsque je les trouvai ressuscitées. Un égal nombre de pies suivaient la charrue et semblaient me demander de nouvelles boulettes. Je leur en donnai, en effet, de nouvelles, c'est-à-dire préparées avec de la noix vomique plus fraîche, et le lendemain pas une pie ne parut. On les trouvait mortes par-ci, par-là, de tous côtés.

Mais l'administration elle-même, ne pourrait-elle pas prendre un moyen, le meilleur de tous?

Ne pourrait-elle pas assujétir les propriétaires à détruire les nids de pies, chacun dans sa propriété?

Ne pourrait-elle pas encore les faire détruire par les gardes champêtres et les gardes forestiers?

Ces nids sont si apparents, on peut les voir de si loin qu'on n'en laisserait pas un si l'on voulait s'en donner la peine, et ces oiseaux ne se reproduisant pas, la race en serait vite perdue.

ALOUETTES.

Chasse au Miroir.

La chasse au miroir est très amusante et très fructueuse, mais il faut savoir la faire, comme toutes les autres chasses, si l'on ne veut pas avoir des déceptions.

Il y a des gens qui se figurent qu'il n'y a qu'à faire venir un miroir d'une grande ville et le porter au milieu d'un champ pour tirer à tout moment et s'en retourner chargé d'alouettes.

Ils vont essayer, quelque temps qu'il fasse et à quelque heure que ce soit. — Ils ne prennent rien ou si peu de chose qu'ils se dégoûtent, et ils prétendent que cette chasse a plus de réputation qu'elle ne mérite.

Sachez donc, pour qu'il ne vous en arrive pas autant, que c'est le matin qu'on doit faire cette chasse jusqu'à neuf ou dix heures.

Plus tard, les rayons du soleil tombent trop perpendiculairement sur le miroir, et l'effet n'est pas si complet.

Il faut que les rayons du soleil donnent obliquement sur le miroir.

On peut aussi faire cette chasse le soir, mais elle ne vaut pas celle du matin.

Au mois d'octobre, époque où les alouettes sont grasses, choisissez un quartier où il y ait beaucoup d'alouettes, et placez votre miroir au milieu d'un champ bien découvert. Ayez un ou deux appelants, et placez-vous à vingt pas du miroir.

Si vous n'avez pas d'alouettes en cage procurez-vous un sifflet pour les appeler.

Le miroir scintille aussitôt qu'on le met en mouvement. Les alouettes arrivent curieuses; elles approchent, montent, descendent, et planent comme pour se mirer... — C'est alors qu'on les tire.

Au coup de fusil, la troupe se disperse, mais ne va pas loin, et toutes reviennent de plus belle.

Tous les oiseaux se laissent attirer par tout ce qui brille; mais l'alouette, plus que tous les autres, plane sur ce fatal instrument avec une telle persistance qu'on ne peut pas la manquer, et que celle qui tombe est aussitôt remplacée par une autre.

C'est une chasse fort attrayante.

Chasses inconnues.

En Afrique, on prend les cailles à la ligne.

En France, on les tue à coups de fouet.

Fusil inconnu à l'usage des collégiens qui n'ont pas encore l'âge requis pour l'obtention du permis de chasse.

Me trouvant un jour à un dîner de chasseurs où se trouvaient réunies les notabilités de la ville, après bien des libations à saint Hubert, il y eut grand assaut de mensonges, comme toujours.

M. le général de B.... raconta plusieurs faits extraordinaires, mais invraisemblables.

M. le capitaine de gendarmerie, ne voulant pas rester en arrière, dit qu'en Afrique on prenait les cailles à la ligne.

Et moi, j'ajoutai qu'en France on les tuait à coups de fouet. — Et je ne mentais pas.

Vous voilà pris en flagrant délit me dit en souriant un brigadier accompagné d'un gendarme qui revenait de la correspondance. — Oui, lui fis-je sur le même ton, il ne tient qu'à vous de verbaliser.

Mais je me gardai bien de lui montrer les trois

cailles que j'avais dans ma poche; la vue du gibier lui aurait peut-être fait retrousser la moustache.

J'ai dit que pour bien dresser un chien, il faut avoir un fouet à la main.

Fidèle à ce principe, j'étais allé deux jours avant l'ouverture de la chasse faire promener un jeune chien dans le but de consolider son arrêt. Je lui tuai trois cailles sous le nez sans en manquer aucune.

Le coup de fouet est rapide comme l'éclair; il n'y a qu'à frapper juste.

Voilà un fusil inconnu dont les collégiens pourraient se servir et s'amuser jusqu'à l'âge requis pour le permis de chasse.

Mais le capitaine mentait-il? Ne pourrait-on pas prendre les cailles comme on prend les grenouilles?

Il est positif que les cailles aiment beaucoup les mouches et qu'une mouche présentée à une caille faisant ferme, au bout d'une ligne très fine et d'un très petit hameçon, serait bien de nature à la tenter; mais oserait-elle allonger le cou pour saisir la mouche en présence du chien qui l'arrête? C'est une expérience à faire et dont la solution pourrait bien être affirmative, car une caille qui est restée quelques jours en cage prend très familièrement les mouches qu'on lui présente au bout des doigts.

Je ne doute pas non plus que l'on ne puisse

prendre une caille arrêtée au moyen de trois hameçons placés au bout de la ligne comme pour les grenouilles.

On laisse tomber tout doucement auprès de la caille ce triple hameçon, et d'un trait on enlève la caille.

Voilà encore un nouveau fusil pour les élèves. Ils peuvent les essayer tous les deux en s'amusant, et nous leur serons obligés de nous dire quelle méthode est la meilleure.

Nous leur recommandons toutefois de ne pas faire ces chasses trop ostensiblement, parce que les gendarmes et les gardes qui ferment les yeux sur tant de délits les ouvriraient tout grands pour leur défendre cet amusement.

Prendre une caille à la ligne!... Mais c'est autrement grave que de tuer dix lièvres à l'affût.... aux yeux de ces messieurs.

Ceci me rappelle leur apathie ou leur complaisance pour les braconniers et me suggère l'idée d'un petit article sur le braconnage.

Extinction du braconnage.

De tous les temps, on a cherché le moyen de détruire le braconnage et l'on n'a pas encore pu réussir.

Cependant, le mal que font les braconniers est

incalculable, et le législateur est bien loin d'en apprécier toute la gravité.

Il faut être chasseur et se trouver sur les lieux pour le comprendre.

Je connais un individu qui n'est pas chasseur et qui s'étant fait prêter un jour un appeau et une bourse, à l'époque des couvées, l'année dernière, prit dans une matinée sept perdrix toutes au même endroit.

C'est vous dire combien il est facile de les prendre et combien doit en être grande la destruction, puisqu'un novice, qui ne devait pas savoir les appeler, en prit sept dans une matinée.

C'étaient des mâles, il est vrai, mais si les couvées ne viennent pas à bon port, ils manquent pour la deuxième couvée, et ils manquent toujours eux-mêmes pour les chasseurs à l'ouverture de la chasse.

Et si un novice en a pris sept dans une matinée, combien doivent en prendre dans tout le canton vingt ou trente individus qui font cette chasse tous les jours?

J'en connais un autre qui, deux mois après l'ouverture de la chasse, m'a fait la confidence qu'il avait déjà pris 83 perdreaux aux lacets.

Enfin, j'en connais un troisième qui, dans onze nuits, a tué 8 lièvres à l'affût au même poste.

On ne se douterait pas le moins du monde de ces trois individus que personne ne soupçonne d'être chasseurs, et combien d'autres ne doit-il pas y en avoir que l'on ne connaît pas!

Mais si ces chasseurs obscurs, inconnus, font périr tant de gibier, combien ne doivent pas en détruire cette armée de braconniers qui ont une réputation colossale!

Sans le braconnage, il y aurait vingt fois plus de gibier, je ne crains pas de l'avancer.

Et s'il y avait vingt fois plus de gibier, combien la chasse ne serait-elle pas plus agréable, et combien de permis de chasse ne prendrait-on pas de plus!

Il y a donc à la fois grande perte de gibier pour les chasseurs, et grande perte d'argent pour l'État et pour les communes.

A quoi tient le braconnage.

S'il y a toujours des braconniers, c'est la faute des gardes qui ne font pas leur devoir et qui tolèrent presque partout le braconnage. Personne mieux qu'eux ne connaît les bons postes pour l'affût du lièvre et les endroits favorables à la pose des lacets et des bourses pour détruire les perdreaux, mais ils ont des yeux pour ne pas voir, et si, de loin en loin, ils dressent un procès-verbal pour faire du zèle, ce ne sera pas un braconnier qui sera pris, mais l'être le plus inoffensif de la contrée qui aura eu la fantaisie de porter un fusil autour de sa maison. Ce sera une pie qu'il aura voulu tuer, mais le garde le déclare pris en flagrant délit de chasse et le fait condamner à l'amende.

Le garde est, au contraire, l'ami du braconnier. On dirait que ce mot l'épouvante, et s'il le craint d'un côté, d'un autre il le recherche, car ils aiment tous deux le fruit défendu, et ils mangent ensemble quelques bons lièvres tués en temps prohibé, parce que le colportage n'en est pas permis.

Que faudrait-il donc faire pour détruire le braconnage?

Il faudrait se montrer fort indulgent pour les travailleurs qui chassent quelquefois le dimanche sans permis lorsque la chasse est ouverte, et être de la plus grande sévérité pour tous ceux qui chassent en temps prohibé.

Il faudrait être sévère et impitoyable pour tous ceux qui chassent avant l'ouverture de la chasse, soit au fusil, soit avec des engins quelconques;

Pour tous ceux qui chassent les perdrix, en quelque temps que ce soit, avec des lacets ou des bourses, avec appeaux, appelants on chanterelles;

Pour tous ceux qui chassent le lièvre avec des filets, des bourses ou des lacets;

Pour tous ceux qui chassent le lièvre à l'affût le soir, le matin ou pendant la nuit;

Et, enfin, pour tous ceux qui chassent le lièvre et la perdrix en temps de neige.

Toutes ces chasses sont éminemment destructives, cette dernière surtout.

Il faudrait donc les classer toutes dans la même catégorie, et condamner les délinquants non pas seulement à une peine pécuniaire, mais à quelques jours de prison.

L'amende n'est rien pour bien des individus qui se livrent à ces chasses clandestines, tandis qu'ils seraient retenus par la crainte de la prison.

Cette peine ne devrait pas être facultative comme dans l'article 12 de la loi du 3 mai 1844 sur la police de la chasse. La loi devrait être impérative, car un procès-verbal n'est pas plutôt dressé qu'on fait agir toutes les influences auprès des juges qui se laissent fléchir et qui n'infligent que le minimum de la peine. Ainsi la prison est toujours éludée.

Mais comment faire pour prendre les chasseurs à l'affût si les gardes ne font pas leur devoir?

N'a-t-on pas les gendarmes et les commissaires de police pour faire marcher les gardes.

Que les brigadiers et les commissaires de police payent quelquefois de leurs personnes et qu'ils fassent ou fassent faire des démonstrations dans les communes, le bruit s'en répandra, et les braconniers ne seront plus si hardis.

Que l'on en prenne quelques-uns, qu'on les

condamne à la prison, et le mal sera presque guéri.

C'est le seul moyen de détruire le braconnage; mais, en revanche, je réclame de l'indulgence pour les propriétaires qui ne sont pas chasseurs de profession et qui sortent quelquefois avec leurs fusils pendant tout le temps que la chasse demeure ouverte.

Mais qui est braconnier? Où sont les postes pour l'affût? pour la pose des bourses et des lacets? pour prendre les perdrix à l'appeau?

Les commissaires de police et les gendarmes ne le savent pas.

Ne demandez pas à un chasseur de vous signaler quelques braconniers. Il ne le fera pas; personne ne veut être dénonciateur. Mais si vous allez demander aux meilleurs chasseurs de la contrée, qui vous inspirent toute confiance, de vous faire connaître les meilleurs postes pour l'affût, ils seront heureux de vous fixer à ce sujet, parce qu'ils y seront intéressés. Ils ne voudront pas vous dire le nom du braconnier, mais ils vous diront l'endroit où vous pourrez le prendre.

Ces renseignements vous seront fournis d'une manière sûre par les chasseurs qui habitent la ville, les chefs-lieux de canton; c'est donc à eux qu'il faut s'adresser.

Dans les communes rurales, vous pourriez vous tromper et vous adresser aux braconniers eux-

mêmes, même en vous adressant à MM. les maires.
qui ne se font pas scrupule de se permettre ce
qu'ils défendent aux autres. Si les maires le vou-
laient, le braconnage serait vite détruit, car chaque maire connaît tous les braconniers de sa
commune, et le maire et le garde suffiraient pour
y mettre bon ordre. Mais ils sont presque tous
chasseurs avec ou sans permis, et ceux qui ne
chassent pas sont des poules mouillées qui craignent de se noyer dans un verre d'eau et qui préfèrent manquer à leur devoir plutôt que de s'ex-
poser à se faire des ennemis.

Notre forêt communale était un véritable garde-
manger. Quand on voulait un lièvre, on n'avait
qu'à s'y rendre; on trouvait des quêtes partout, et
très souvent deux lièvres partaient à la fois.

Aujourd'hui, pas une quête, pas un lièvre, pas
une perdrix. Et à qui le doit-on? à un braconnier
qui est allé fixer sa demeure près de la forêt.

Mais le garde forestier n'est-il pas là?

Si fait, il y est pour tout le monde, si ce n'est
pour le braconnier.

Tout le monde l'y voit et l'y rencontre.

Le braconnier seul ne le rencontre jamais.

Quand l'un est à droite, l'autre se trouve à gauche; quand l'un est au nord, l'autre est au midi.

Il faut évidemment que le garde le craigne ou
qu'il soit de ses amis, car il a tout détruit, soit à
l'affût, soit avec un chien courant que tout le

monde a entendu tous les jours, si ce n'est le garde.

Et pourtant, je connais ce garde et je peux affirmer qu'il n'est pas sourd.

Il est temps, ce me semble, de révéler et de réprimer cette incurie des gardes. Mais comme il pourrait y avoir du danger pour un garde seul d'aller s'embusquer à un poste au milieu des bois, pendant la nuit, il faudrait que les commissaires de police et les brigadiers de la gendarmerie s'entendissent pour envoyer, tantôt deux gendarmes, tantôt deux gardes, et tantôt un garde et un gendarme.

A deux, le danger disparaît, et la capture est plus certaine.

Seul, on s'ennuie, et il n'est pas étonnant que l'on préfère rester dans son lit.

Mais si le braconnier se dérange pour un lièvre, les salariés du gouvernement peuvent bien se déranger aussi par obéissance ou par zèle pour le service, et pour la gratification qui est au bout.

La chasse, en temps de neige, est une véritable boucherie de lièvres; on n'en laisse pas. Et comme à pareils jours la fatigue pourrait être grande pour MM. les gendarmes et les gardes, qui préfèrent rester près du feu, car on aime ce doux *farniente*, quand il gèle à pierre fendre, il faudrait les stimuler par la gratification de 15 fr. au lieu de 8.

De même, la loi qui n'accorde qu'une seule gratification à partager entre ceux qui concourent à un procès-verbal pour délit de chasse devrait la porter à 20 fr., au lieu de 15, quand il y a deux agents.

Ce serait dix francs pour chacun au lieu de 15 pour un seul, mais ce dernier le préférera par les raisons que j'ai dites, et la garde se fera beaucoup mieux et plus souvent, parce qu'elle sera moins désagréable et moins périlleuse. Seul, on n'irait pas pour 15 fr.; on ira pour dix en compagnie.

Qu'on ménage donc les petits chasseurs qui se montrent quelquefois avec un fusil isolément (car il ne faut pas permettre les battues, même pendant l'ouverture de la chasse). Qu'on se borne à leur faire peur et à les faire courir, mais qu'on soit inexorable pour tous les autres délits.

Qu'on y mette du zèle et de l'ardeur pendant quelque temps, et l'on verra bientôt le braconnage se réduire, sinon s'éteindre.

Le mieux serait encore d'embrigader les gardes.

Des gardes étrangers auraient beaucoup moins de ménagements pour les délinquants que les gardes stationnaires des communes, qui ne veulent pas se faire des ennemis.

Fusil.

Le meilleur fusil n'est pas le plus joli, mais bien celui qui porte le mieux et le plus loin.

Quand on achète un fusil, il faut le bien essayer au blanc, en essayer plusieurs et donner la préférence à celui qui porte le mieux, fût-il le moins joli de tous.

Mais quel est celui qui porte le mieux?

Sur deux fusils fabriqués dans les mêmes conditions par le même ouvrier, l'un portera le coup très ramassé, fera presque balle à 30 pas et broiera le gibier, tandis que l'autre écartera tellement la charge que le gibier ne sera pas atteint, qu'il restera au milieu du coup.

Les deux extrêmes peuvent être un défaut.

D'après tous les praticiens, un bon fusil de chasse doit étendre sa charge de plomb à 30 ou 40 pas, sur un espace formant un cercle d'environ 65 centimètres de diamètre.

C'est donc un fusil de ce genre qu'il faudra préférer pour toutes les chasses que l'on fait à une faible portée, comme cailles, rales, bécasses, grives, lapins, etc., etc.

Pour les autres chasses, au contraire, il faut choisir un fusil à très longue portée, c'est-à-dire ceux qui font balle à 30 ou 40 mètres. Il faut de gros calibres, au moins n° 16.

Quant aux fusils qui écartent beaucoup, je crois devoir faire observer, parce que l'expérience me l'a prouvé, que ce sont ordinairement de bonnes armes qui n'écartent le plus souvent que parce que l'on met trop de poudre.

Essayez-les donc avec moins de charge.

La manière de charger son fusil influe beaucoup sur la justesse du tir. Il faut l'essayer à forte charge, à charge moyenne, et à petite charge.

Quand vous aurez fait cet essai, vous connaîtrez votre arme et vous saurez pour. toujours la charge que vous devrez lui donner. Il faudra vous en tenir là, et surtout ne jamais la forcer.

On réussit toujours mieux avec une petite charge qu'avec une trop forte.

Ainsi, pour la chasse aux cailles, par exemple, c'est une duperie que de charger beaucoup. On les tire si près qu'une très petite charge suffit, et l'on fait aussi bien. Il y a donc économie.

Il est évident qu'il faut charger davantage quand on veut tirer loin, mais n'oubliez pas que vous réussirez toujours mieux avec une charge moyenne qu'avec une trop forte.

Il est aussi des chasseurs qui sur une charge moyenne de poudre mettent une poignée de plomb dans l'espoir de mieux réussir. C'est en pure perte qu'ils le font et c'est très mal raisonner, car si l'on tire droit, la charge ordinaire suffit, et si l'on ne tire pas droit, on manquera tout aussi bien, quelle que soit la quantité de plomb que l'on ait mise.

On a de plus l'inconvénient d'abîmer le gibier si l'on tire trop près et de ne pas le faire rester si l'on tire un peu loin, car le poids du plomb étant supérieur à la force d'impulsion de la poudre, les grains qui arrivent au gibier le frappent à peine et ne font que le blesser.

Un seul grain de plomb qui pénètre est plus meurtrier que dix grains qui ne font que toucher le gibier.

Il faut donc que le plomb soit proportionné à la poudre, et la quantité de poudre doit être proportionnée au calibre du fusil.

Cette proportion entre le poids de la poudre et celui du plomb varie suivant la force de la poudre et suivant la température comme 1 : 6, comme 1 : 5, comme 1 : 4; autrement dit, en moyenne, 25 grammes de plomb sur 5 grammes de poudre.

C'est la différence ordinaire du poids.

Quant à la quantité, le plomb dépasse de quelques grains seulement la mesure de la poudre.

C'est ainsi que l'on doit charger pour tirer à une moyenne distance.

Si l'on doit tirer à une grande portée, il vaut mieux diminuer le plomb et le mettre plus gros, dans ce cas on met juste autant de plomb que de poudre.

Je connais deux intrépides chasseurs qui chargent de cette manière et qui tuent des masses de perdreaux à des distances prodigieuses.

Poudre.

La bonne poudre est à petits grains égaux, durs et luisants, celle qui est pulvérisée ne vaut pas

autant, elle devient terne en vieillissant et surtout quand elle a pris de l'humidité.

On la fait revenir au soleil ou dans une assiette
de terre que l'on a fait chauffer. Le soleil absorbe
l'humidité en la séchant. Une assiette chaude produit le même effet, mais il faut bien se garder de
la tenir sur le feu comme le font certains imprudents.

On fait chauffer une assiette et l'on s'éloigne du
feu pour y verser la poudre qui sent à l'aigre tant
qu'elle est humide.

Il ne faut pas, toutefois, la trop faire sécher,
car la poudre a besoin d'un peu d'humidité qu'on
estime à un ou deux pour cent de son poids.

Trop sèche, elle a moins de force. Il ne faut donc
pas la faire sécher dans le but d'augmenter sa
puissance d'impulsion, mais seulement pour qu'elle
ne rate pas et pour qu'elle s'enflamme plus spon-
tanément.

Plomb.

On dit que la bonne foi est l'âme du commerce,
mais nous voyons avec peine qu'elle ne préside pas
toujours à tous les actes du négoce.

Ainsi, prenez-y garde, chasseurs inexpérimen-
tés, vous croirez acheter du plomb et vous n'aurez
que de la fonte.

Elle est plus dure que le plomb, mais elle est
beaucoup plus légère et ne porte pas si loin.

Défiez-vous du plomb très luisant et préférez celui qui a la couleur la plus terne.

Prenez-en quelques grains et serrez-les entre vos dents, ou bien fendez-les avec la lame d'un couteau. S'ils résistent, c'est de la fonte, — ne vous en servez pas.

Comment on doit charger son fusil.

Je viens de vous dire la quantité de poudre et de plomb que vous devez mettre.

Pour charger, si vous n'avez pas un fusil à bascule, qui se charge par la culasse avec des cartouches, abattez les deux chiens, mettez la poudre et une bourre que vous devez tasser fortement au moyen de deux coups de baguette; mettez ensuite le plomb et secouez un peu les canons de votre fusil pour que chaque grain prenne sa place; sur le plomb mettez une autre bourre qu'il est inutile de tasser.

Cela fait, relevez les chiens pour placer les amorces que vous devez assurer en abattant doucement les chiens, de manière à ce qu'elles tiennent bien, et qu'elles descendent assez sur les cheminées.

Cette précaution est essentielle, car si les cheminées sont un peu fortes et que les capsules ne descendent pas se trouvant trop petites, le coup

râte souvent parce que la poudre fulminante n'é-
clate pas.

Prenez-donc des capsules qui aillent bien à vos
cheminées et ne les placez jamais qu'après avoir
chargé.

J'ai vu des imprudents qui commençaient par
mettre les capsules avant de charger, mais il est
facile de comprendre combien cette méthode est
vicieuse. Outre le danger qu'il peut y avoir, on ne
peut jamais être sûr que la poudre arrive à la lumière et le fusil peut râter souvent.

Il ne faut, au contraire, jamais placer les capsules sans que la poudre paraisse. Si on ne la voit
pas on secoue le fusil de manière à la faire venir.
Sinon, on enfonce une épingle dans la cheminée
pour broyer ce qui peut l'obstruer, on secoue de
nouveau le fusil pour en faire tomber la crasse, et
l'on met avec la main quelques grains de poudre
dans la cheminée, puis on place les capsules.

Cet inconvénient arrive rarement à ceux qui
tiennent bien leurs fusils.

On ne saurait trop recommander de les tenir
propres, de les laver souvent et toujours à l'eau
chaude.

On fait de bien mauvais coups avec un fusil sale,
et très souvent l'on juge des hommes sur les plus
petites choses.

Une arme bien tenue fait honneur à celui qui
la porte.

12*

Un fusil sale, au contraire, peint le caractère de l'individu : il doit être paresseux, apathique, insouciant.

Toutes les fois qu'on revient de la chasse, il faut avoir le soin de frotter son fusil avec un chiffon de laine gras ou imbibé d'un peu d'huile.

Comment il faut tirer.

Le premier de tous les principes c'est de bien épauler son fusil, et comme les crosses sont plus ou moins longues et qu'il est plus difficile de se servir de certains fusils que d'autres, il est essentiel de s'exercer à bien épauler celui dont on se sert.

Il faut savoir le porter rapidement contre son épaule droite, et l'y tenir d'une manière ferme, naturellement, sans aucune gêne.

Il faut que la main gauche se place naturellement sous les canons, ni trop près ni trop loin des batteries, de manière que le fusil ait un bon aplomb. Trop loin, vous êtes gêné, trop près, vous courez le risque de faire bas.

Il est essentiel aussi de bien s'habituer à la couche de son fusil, car un chasseur qui aura l'habitude d'un fusil couché tirera difficilement avec un fusil droit et *vice versâ*.

Si vous n'êtes pas seul, vous ne devez jamais porter votre fusil horizontalement sur le bras, et les tubes de vos canons doivent toujours regarder le ciel ou la terre.

J'ai déjà dit que lorsqu'on le peut, on doit se placer derrière le chien quand il arrête, et que lorsque le gibier part, il ne faut pas se presser. On le regarde... on le fixe... on le vise, et l'on tire franchement et sans secousse. C'est le doigt seul qui doit agir et presser la détente, sans que le bras fasse aucun mouvement.

Si vous tirez avec crainte, et que vous donniez une saccade, un coup de bras, vous ne ferez jamais que de mauvais coups.

Quand on est en chasse, il faut se tenir en garde contre les émotions, c'est-à-dire qu'il ne faut pas se laisser surprendre par le brusque départ du gibier. Il faut toujours s'attendre à le voir partir et se dire : *Non, je ne me presserai pas... je ne tirerai qu'à telle distance.*

Dites-vous-le souvent, croyez-moi, ce n'est pas une puérilité.

Il faut, si vous voulez bien tirer, que la pensée et que la ferme résolution de ne pas vous presser vous suive pendant toute la chasse.

C'est une tension d'esprit plus nécessaire à la chasse qu'une grande application à tout autre travail, car si vous êtes surpris par une pièce de gibier, vous la manquerez infailliblement ou vous ne la tuerez que par hasard parce que vous vous presserez trop.

Malgré vous, vous tirerez trop près et trop vite sur un lièvre qui bondira près de vous.

Il faut donc se prémunir contre ces émotions, et ce n'est pas trop que d'y penser de temps en temps et de se dire : *Non, je ne me presserai pas.*

Chasseurs qui suivent le Gibier.

En général, les chasseurs qui suivent le gibier ont du sang-froid et sont de bons tireurs lorsque rien ne les gêne.

Mais comme il y a tant de circonstances où il est impossible de le suivre, il vaut infiniment mieux, je le répète, s'habituer à tirer à la première pointe.

Il en est de ceux qui le suivent qui s'acquièrent une grande réputation, et de qui l'on dit : *Qu'ils ne savent pas ce que c'est que manquer.* Mais ce sont des individus qui ne tirent jamais qu'à coups sûrs, qui craignent de compromettre leur réputation, qui ne hasardent pas un coup, et qui préfèrent ne pas tirer s'ils courent le risque de manquer.

Cependant, toute pièce de gibier qui part à portée doit être tirée pour peu qu'on ait le temps de la viser. Ils n'auront pas levé le fusil qu'elle tombera sous l'œil meurtrier du tireur à première pointe.

Il tirera dix coups de fusil quand les autres en

tireront deux ou trois, et à la fin de l'année, tout en ayant manqué plus souvent, il aura tué une énorme quantité de gibier de plus.

Allez donc suivre un lapin qui passe comme l'éclair, qui ne fait que traverser un étroit sentier? une bécasse qui part dans le fourré, une bécassine qui fait ses crochets, un lièvre qui disparaît, une grive dont le vol est inégal, et même ces petites cailles légères dont les coups d'aile déroutent quelquefois les plus habiles chasseurs?

Allez suivre dans ces vastes plaines à maïs, où l'on trouve des passages si considérables de cailles et de rales, ce gibier qui se perd au milieu de ces hautes tiges que le vent agite.

Là, vous jouerez un triste rôle; chasseurs trop froids qui avez trop de flegme, faites place à vos rivaux dont le tir est un jeu, et admirez ces coups hardis et subtils qui vont remplir leurs carniers.

Comment on manque beaucoup de Gibier.

On accuse très souvent la poudre et quelquefois le fusil lorsqu'on ne devrait accuser que sa maladresse.

C'est drôle! disait un chasseur; j'avais ce lièvre au bout du canon, à quinze pas, et je ne lui ai fait aucun mal: je lui ai tiré comme au but en blanc..... J'ai de la poudre infâme!

Un autre lièvre part, et il le manque de la même manière. C'est par trop fort, dit-il, je devais le broyer... Je l'avais encore au bout du canon.

Cependant, la poudre était bonne et le fusil excellent.

Comment donc les manqua-t-il? Parce qu'il visait mal.

Il voyait bien le lièvre au bout du canon, mais il ne suivait pas, en le visant, toute la ligne de mire.

Au lieu d'incliner sa tête sur le fusil et de viser à partir de l'extrémité du tonnerre, son œil ne se portait que vers le milieu du canon et le coup faisait haut. La charge passait par dessus.

Il ne faut pas oublier que la ligne de mire est cette ligne droite que suit l'œil du tireur sur la bande du canon depuis l'extrémité du tonnerre jusqu'à la sommité du guidon.

Si bien que le gibier vous paraisse au bout du guidon, vous le manquerez toujours si votre œil ne commence pas de viser entre les deux chiens, à l'extrémité du tonnerre.

Ceci est très important, car il arrive très souvent que l'on est tout étonné de n'avoir pas fait rester une pièce de gibier que l'on tenait bien à l'œil, et qui paraissait immanquable.

Vous en connaissez maintenant la raison. Attachez-vous donc à ne pas commettre cette faute que l'on commet très souvent, notamment avec un fusil droit.

Comment il faut tirer selon les distances.

La bande qui se trouve sur la longueur du canon étant plus épaisse à la culasse qu'à son extrémité sert à relever le coup de fusil.

Aussi, lorsqu'on tire près faut-il viser un peu en dessous, voir le gibier au sommet du guidon.

Il faut, au contraire, viser un peu plus haut, selon la distance, car le plomb, à raison de son poids, décrit une courbe avant d'arriver au but si l'on tire loin.

Il faut donc viser un peu en dessous si l'on tire assez près; viser en droite ligne si l'on tire à une moyenne portée, et viser un peu en dessus, c'est-à-dire couvrir aux 3|4 la pièce de gibier si l'on tire loin.

C'est au chasseur à se laisser guider à ce sujet par son intelligence et son expérience.

Pour qu'un fusil porte bien loin.

Il faut charger avec des cartouches, et au lieu de mettre le plomb comme à l'ordinaire, on le mêle avec autant de fécule de pommes de terre ou de farine, et on le tasse bien dans la cartouche avec un mandrin.

On vend de bonnes cartouches et des enveloppes de cartouches en fil de cuivre treillissé.

La cartouche n'est, si l'on veut, que pour le plomb, et l'on commence de charger le fusil et de mettre la poudre comme à l'ordinaire.

Le coup porte plus juste et plus loin.

Conservation du gibier.

Quand vous aurez tué un lièvre ou un lapin, prenez-le aussitôt par les oreilles et n'oubliez pas de lui presser le ventre avec la main pour en faire sortir l'urine.

Sans cette précaution, la chair prend un mauvais goût et se corrompt très vite, surtout pendant les fortes chaleurs.

Quand on veut conserver du gibier sept à huit jours pendant l'été, il faut avoir le soin de le bien vider, mais en laissant les lièvres et les lapins dans leurs poils et les oiseaux dans leurs plumes.

On les remplit de blé et on les place au milieu d'un tas de blé ou d'avoine.

Bien des gens ont essayé et n'ont pas réussi, — c'est parce qu'ils ne les avaient pas vidés.

Ce sont les intestins qui se corrompent très promptement.

Prudence.

Ne tirez jamais en face de qui que ce soit, à moins que vous ne soyez à une très grande distance.

Ne portez pas votre fusil *horizontalement* sur votre bras gauche, et si vous chassez avec quelqu'un qui ait cette mauvaise habitude, ayez le soin de vous tenir à sa droite.

Je répète que les canons de votre fusil doivent toujours regarder le ciel ou la terre.

Si vous chassez *à deux*, dans des maïs ou dans des taillis, sachez toujours où est votre camarade afin de ne pas le blesser.

Ne désarmez jamais votre fusil en le tenant horizontalement et surtout en face de quelqu'un, — c'est très dangereux, — le coup peut partir en voulant désarmer. *Cela m'est arrivé, et je l'ai vu bien des fois.*

Les batteries peuvent glisser sous les doigts et l'on peut aussi se tromper de détente.

On peut prendre une gachette pour l'autre.

Désarmez toutes les fois que vous sautez un fossé ou une haie, quand vous traversez difficilement des buissons ou que vous passez dans des endroits glissants.

Ne mettez jamais votre main sur les canons de votre fusil, j'ai vu des chasseurs s'estropier ainsi.

Si vous mettez votre fusil dans une voiture ou si vous le cachez dans une haie ou un fossé pour une cause quelconque, *gardez-vous bien* de le reprendre *les canons tournés vers vous, quoiqu'il soit désarmé.* Il est arrivé de nombreux accidents !

Il n'y a pas longtemps qu'un chasseur s'est tué

en prenant son fusil *désarmé* sous la bache d'une diligence, sur la banquette de laquelle il était monté pour se rendre à une partie de chasse. Le fusil partit et le malheureux reçut toute la charge en pleine poitrine.... Il tomba roide sous les pieds des chevaux.

Tout récemment encore, un jeune homme d'une famille très distinguée et qui venait de faire son acte de bachelier s'est également tué en retirant son fusil d'une haie dans laquelle il l'avait caché en apercevant un garde forestier.

Cela vous paraît difficile et vous ne comprenez pas bien que cela puisse arriver.

Rien pourtant n'est plus simple :

Si le chien de votre fusil touche et s'arrête à quelque chose, à une ronce, à un objet quelconque, et que vous tiriez le fusil vers vous, le chien doit nécessairement se lever, et comme il ne se lève pas assez pour arriver au cran de repos, il retombe sur la capsule et le coup part.

Si vous montez en voiture avec un fusil chargé, le plus simple est d'enlever les capsules et de mettre à leur place un peu de papier pour que la poudre ne tombe pas des cheminées et pour qu'elle ne prenne pas de l'humidité.

Quand vous venez de tirer et que vous chargez un canon, n'oubliez pas de désarmer l'autre.

Charger sans désarmer est une imprudence impardonnable et que commettent bien des chasseurs; ne faites pas comme eux.

Quand vous revenez de la chasse, n'oubliez jamais votre fusil dans un coin de votre chambre où l'imprudence d'un enfant ou d'un étourdi peut causer un malheur irréparable.

Ayez le soin de le suspendre à un croc assez élevé pour qu'on ne puisse pas le toucher.

Le mieux serait d'avoir un petit cabinet ou un placard uniquement destiné à tout l'attirail de la chasse et dont on a toujours la clé dans sa poche.

Enfin, soyez prudents, je vous le répète, excessivement prudents.... Vous ne saurez jamais trop l'être.

Conseils à un jeune Chasseur.

La chasse prise avec modération est un exercice fort agréable et très salutaire, mais quand on la prend avec trop de passion, c'est la ruine du corps et de l'esprit.

Quand on a chassé toute une journée et que l'on revient fatigué, harassé, rompu..., on n'est plus bon à rien et l'*on néglige tout.*

S'il a fait chaud, on est tout haletant, mort de faim, altéré... On ne mange pas, on dévore!... Et puis l'on boit... on boit... et l'on boit encore... jusqu'à ce que l'estomac n'en peut plus et se trouve plus fatigué que le reste du corps.

On est lourd... Les facultés intellectuelles s'engourdissent, adieu les affaires, adieu le travail, adieu l'étude, la lecture; on ne peut pas se tenir, on ne peut rester que couché, anéanti !

Il est impossible d'exprimer l'état de prostration du chasseur éreinté !

Fuyez donc la passion de la chasse comme toutes les autres passions. Votre santé l'exige et vos affaires s'en trouveront mieux.

N'attendez jamais pour rentrer de la chasse que vous soyez fatigué. Ne prenez la chasse que comme promenade, comme un plaisir, comme un délassement d'esprit. Ne vous laissez pas entraîner par cette vaine gloriole de tuer beaucoup de gibier, et n'allez pas vous vanter partout de vos exploits de chasse. C'est une faiblesse qu'ont presque tous les chasseurs, et quand ils se rencontrent après une partie de chasse, on peut toujours compter sur un assaut de mensonges.

Ne soyez pas si vaniteux, et, pour n'être pas tenté de vous donner ce ridicule, ne chassez qu'en amateur.

Partez le matin de bonne heure, sans ambition aucune, et rentrez pour votre déjeuner.

N'étant pas fatigué, vous vous livrerez à vos occupations de la journée, et rien n'empêchera que le soir vous alliez faire une autre promenade.

Le matin et le soir sont les meilleurs moments pour trouver le gibier, et dans ces deux petites promenades, qui ne seront pas fatigantes, vous serez presque toujours plus heureux que dans une course pénible de toute une journée.

Vous aurez donc trois avantages : celui de ne pas vous rosser et conséquemment de ménager votre santé, celui de chasser plus agréablement et de tuer plus de gibier, et enfin celui de vaquer à vos affaires ou au plaisir de l'étude.

Laissez le milieu du jour pour les braconniers. Ils ont une peau de bronze, tandis que vous avez un teint à ménager.

J'ai oublié de dire que lorsque quelques perdreaux partent devant vous, soit dans les guérets, soit dans les chaumes, sans vous y attendre et sans que vous puissiez les tirer, il faut aller résolûment vers l'endroit d'où ils sont partis, un peu à droite ou à gauche, suivant les lieux, parce qu'il y a presque toujours quelques retardataires; en allant vite, vous les forcez à partir et vous pouvez les tuer.

Si, au contraire, vous allez doucement pour mieux les surprendre, soyez sans espoir de les tirer, parce qu'ils gagnent vite du terrain et qu'ils partent encore plus loin que les premiers.

Je répète que pour cette chasse il est bon d'être deux. Elle est alors plus fructueuse et beaucoup moins pénible.

Je ferai seulement observer qu'il ne faut pas faire le moindre bruit et qu'il faut bien se garder de parler.

Il en est de même pour la chasse aux chiens courants :

Si le lièvre est lancé et que vous l'attendiez à un poste, soyez muet et ne bougez pas.

Si vous êtes sur le point de lancer, dans quelque fourré que ce soit, ne parlez pas non plus et ne faites pas de bruit si vous tenez à le tirer au départ.

S'il vous entend, il partira du côté opposé.

Il en est de même pour le chien d'arrêt :

S'il entre dans un fourré ou dans un fossé, placez-vous sans rien dire et le plus doucement possible, toujours en face ou en avant du chien.

CONCLUSION.

Je crois maintenant avoir résumé tout ce qu'il y avait à dire sur la chasse.

Avec toutes ces notions, on ne peut qu'être bon chasseur en peu de temps.

J'ai donc terminé ma tâche.

DESSIN

DE

CIBLES VOLANTES

PARTICULIÈRES

A ÉTABLIR AU FOND DES JARDINS OU DANS LES PARCS.

Pour les familles riches et nombreuses, elles seront une agréable récréation non-seulement pour les chasseurs, mais encore pour les dames qui devront adopter la carabine Flaubert.

VUE EN FACE.

VUE EN TRAVERS.

Description de la Cible volante : On plante deux piquets espacés de 3 mètres ou plus, selon la volonté du tireur. On tend de l'un à l'autre de ces piquets un fil métallique AA'; deux fils métalliques en forme de V glissent sur le premier et portent sur la Cible C. Une corde glissant sur les poulies P et portant un poids M à une extrémité sert à procurer à la Cible son mouvement horizontal. Une nouvelle poulie P, placée près de terre, reçoit encore la corde pour que le tireur placé au point Q puisse sans se déplacer faire monter le poids M. Le tireur engage au piquet Q la petite traverse V fixée à la corde pour se préparer. Aussitôt son arme chargée, il met la traverse V sous son pied et la lâche quand il veut tirer. Le poids M entraîne la Cible C et la corde. Une seconde traverse V' s'arrête au piquet Q lorsque le poids M arrive à terre, ce qui permet au tireur de remonter le poids sans se déplacer pour continuer son exercice.

CIBLE VOLANTE.

BREVET D'INVENTION.

Ne voulant rien négliger pour faire de bons élèves, c'est-à-dire d'habiles tireurs en peu de temps, j'ai pensé de les exercer à une cible volante, dont le tir sera aussi utile qu'agréable.

C'est encore le moyen le plus simple pour apprendre à tirer au vol.

Les chasseurs pourront placer cette cible au fond de leurs jardins, contre un mur, ou bien, à la campagne, entre deux arbres ou deux piquets.

Un carton, qui servira de but en blanc, volera de droite à gauche et de gauche à droite par un mécanisme très simple et peu coûteux.

Tirer à ce blanc, qui volera, sera une agréable récréation pour les jeunes chasseurs, et ce sera en même temps le moyen d'apprendre bien vite à décocher un coup de fusil.

Suivant que l'on se placera, on tirera sur des lignes plus ou moins obliques.

La ligne droite sera la plus facile.

La ligne horizontale la plus difficile.

Il faut donc commencer de s'exercer à tirer sur les lignes les moins obliques et arriver graduellement à la ligne horizontale.

Exercice pour apprendre à tirer sur le Lièvre.

Une bonne méthode pour apprendre à tirer le lièvre et le lapin consiste à se servir d'une boule en bois qu'on fait partir de ses pieds et qu'on fait rouler dans toutes les directions. Pour les lignes obliques et horizontales, on se fait jeter la boule par quelqu'un.

On fait cet exercice dans une basse-cour ou sur une prairie, en observant de ne lever le fusil que lorsque la boule est à quinze pas.

On la regarde... on la fixe... et on lui porte le bout du canon dessus.

TABLE DES MATIÈRES.

—

AVIS IMPORTANT.

Ceux qui achètent ce Livre ont seuls le droit d'avoir une cible volante chez eux *pour leur usage particulier.*

Ceux qui établiront des cibles volantes particulières sans être munis de ce livre seront passibles de dommages et intérêts.

L'achat ou la possession de ce livre n'autorise point l'établissement de cibles volantes publiques.

L'auteur s'en réserve le monopole et dirigera des poursuites contre ceux qui en établiront sans son autorisation.

9 782329 605845